W0263374

Berechnung

der

Leistung und des Dampfverbrauches

der

Eincylinder-Dampfmaschinen.

Ein Taschenbuch

zum Gebrauche in der Praxis

von

Josef Pechan,

Maschinen-Ingenieur,

Professor des Maschinenbaues und Fachvorstand der mechanisch-technischen Abtheilung
an der k. k. Staats-Gewerbeschule in Reichenberg.

Mit 6 Textfiguren und 38 Tabellen.

Springer-Verlag Berlin Heidelberg GmbH 1896

ISBN 978-3-662-39174-7   ISBN 978-3-662-40169-9 (eBook)
DOI 10.1007/978-3-662-40169-9

Vorwort.

Mit der Zusammenstellung der in diesem Taschenbuche enthaltenen Rechnungsbehelfe für die Berechnung der Leistung und des Dampfverbrauches der Eincylinder-Dampfmaschinen für den Fabriksbetrieb und der Dampfmotoren für das Kleingewerbe — im Geschäftsbetriebe und bei Schätzungen — hat der Verfasser bereits zur Zeit seiner unmittelbaren Thätigkeit als Maschinen-Ingenieur im praktischen Dampfmaschinenbau begonnen, und zwar war er dazu durch den Umstand veranlaſst, daſs die technischen Taschenbücher und Kalender, für die rasche und zugleich entsprechend genaue Durchführung der hier in Betracht gezogenen Berechnungen, die nöthigen Behelfe nicht enthielten.

Infolge seiner seitherigen ganz bedeutenden und sehr zeitraubenden Inanspruchnahme durch die Bearbeitung der für seinen eigenen Unterrichtsgebrauch unabweislich erforderlich gewesenen Lehrbücher, war der Verfasser in der auf die Herausgabe des vor-

IV

liegenden Taschenbuches abzielenden Arbeit nur lang-
sam vorzuschreiten in der Lage.

Trotzdem inzwischen die Fachlitteratur an technischen Taschenbüchern und Kalendern, welche zumeist sehr schätzenswerte Daten enthalten, wesentlich
bereichert erscheint, wird sich dieses Taschenbuch in
der Praxis nicht als Concurrent irgend eines derselben,
sondern als durchaus ehrenwerter Gehilfe neben denselben, und insbesondere durch die zahlreichen, dem
unmittelbaren Gebrauche in der Praxis bei Begut-
achtungen, Projecten, Schätzungen etc., entsprechend
eingerichteten Tabellen, als ein recht wertvoller
Rechnungsbehelf und Berather erweisen.

Der Verfasser weiſs aus eigener Erfahrung, daſs
die Praxis handliche Behelfe aller Art gerne benützt
und darf sich wohl der Erwartung hingeben, durch
die Herausgabe dieses Taschenbuches den Wünschen
eines groſsen Interessentenkreises entgegenzukommen.

Reichenberg, im März 1896.

Der Verfasser.

Inhaltsverzeichnis.

Verzeichnis der Tabellen.

Allgemeines.

Man unterscheidet hinsichtlich der Leistung einer Dampfmaschine:

1. Die indicierte Leistung in Pferdestärken oder die Leistung der Dampfmaschine in indicierten Pferdestärken oder die Betriebsarbeit der Dampfmaschine in indicierten Pferdestärken.

2. Die Leerlaufsarbeit in Pferdestärken.

3. Die effective Leistung in Pferdestärken oder die Leistung der Dampfmaschine in effectiven Pferdestärken, oder den Nutzeffect der Dampfmaschine in effectiven Pferdestärken.

Die indicierte Leistung der Dampfmaschine ist die durch die Wirkung des Dampfes im Dampfcylinder der Dampfmaschine auf den Dampfkolben übertragene Arbeit bei bestimmt belasteter Maschine und normaler minutlicher Umdrehungszahl der Maschinenkurbel.

Dieselbe wird bei einer neu zu erbauenden Dampfmaschine aus dem nach bestimmten Regeln gezeichneten Indicatordiagramme und bei einer bereits im Betriebe stehenden Dampfmaschine aus dem an derselben wirklich abgenommenen Indicatordiagramme unter Zugrundelegung der Hauptdimensionen der Maschine berechnet.

Die indicierte Leistung einer Dampfmaschine wird in Pferdestärken à 75 Meterkilogramm pro Secunde ausgedrückt und allgemein mit dem Zeichen

$$N_i$$

bezeichnet.

Als Abkürzungen für die Bezeichnung der Pferdestärke wird im folgenden

$$PS$$

angewendet und als Abkürzung für das Meterkilogramm

$$mkg.$$

Es bedeutet hiernach beispielsweise der Ansatz für eine Dampfmaschine:

$$N_i = 65 \, PS$$

„Die indicierte Leistung der Dampfmaschine beträgt 65 Pferdestärken“

und man pflegt statt dessen auch zu sagen beziehungsweise zu schreiben:

„Die Maschine leistet 65 indicierte Pferdestärken“ oder

„Es ist eine Dampfmaschine mit einer Leistung von 65 indicierten PS zu liefern“ oder

„Die Leistung der Maschine beträgt 65 PS indic.“

In allen Fällen ist die Leistung einer Pferdestärke gleich der Arbeit von 75 Meterkilogramm in einer Secunde, also

$$1 \, PS = 75 \, mkg/Sec.$$

Die Leerlaufsarbeit der Dampfmaschine ist die ebenfalls durch die Wirkung des Dampfes im Dampfcylinder der Dampfmaschine auf den Dampfkolben übertragene Arbeit bei normaler Umdrehungszahl, jedoch bei leerlaufender Dampfmaschine und zwar bei völlig frei laufender Schwungradwelle ohne jedwede Kraftübertragung auf eine Transmission etc., also bei abgeworfenem Hauptriemen einer Dampfmaschine mit Riemenantrieb, oder bei abgenommenen Seilen einer Dampfmaschine mit Seiltrieb etc.

Dieselbe wird bei einer neu zu erbauenden Dampfmaschine unter Zugrundelegung der Hauptdimensionen derselben nach bestimmten Regeln berechnet und zwar mit Berücksichtigung sämtlicher Reibungswiderstände aller während des Ganges der Maschine in Bewegung befindlichen Theile derselben, sowie auch jener der eventuell mit der Maschine verbundenen Speisepumpe für den zugehörigen Dampfkessel und der zur Condensationsmaschine gehörigen, mit ihr in Verbindung stehenden Luftpumpe.

Bei einer bereits im Betriebe stehenden Dampfmaschine wird die Leerlaufsarbeit ebenso aus dem an derselben abgenommenen Leerlaufsdiagramme berechnet, wie die indicierte Leistung aus dem zugehörigen bei normaler Belastung der Maschine aufgenommenen Indicatordiagramme.

Die Leerlaufsarbeit einer Dampfmaschine wird ebenfalls in Pferdestärken à 75 Meterkilogramm pro Secunde ausgedrückt und allgemein mit dem Zeichen

$$N_0$$

bezeichnet.

Der Ansatz

$$N_0 = 12 \text{ PS}$$

besagt also, dass die Leerlaufsarbeit der betreffenden Dampfmaschine 12 Pferdestärken beträgt.

Die Leerlaufsarbeit einer Dampfmaschine kommt

lediglich zur Berechnung der effectiven Leistung derselben aus der indicierten Leistung in Betracht.

Die effective Leistung einer Dampfmaschine,
die Leistung der Dampfmaschine in effectiven
Pferdestärken oder der Nutzeffect in Pferdestärken
ist die von der Schwungradwelle der Dampfmaschine
bei bestimmter Belastung derselben und normaler
Umdrehungszahl der Maschinenkurbel, mittels Riemen
oder Seilen etc. auf die zugehörige Transmissions-
welle etc. übertragene Arbeit, also die Nutzleistung
oder der Nutzeffect der Dampfmaschine. Dieselbe
wird für eine neu zu erbauende und ebenso für eine
bereits im Betriebe stehende Maschine aus der indicierten Leistung und aus der Leerlaufsarbeit berechnet,
wobei noch ein bestimmter Theil der eigentlichen
Nutzleistung durch die Überwindung der durch die
Belastung der Dampfmaschine vergröfserten Reibungswiderstände aufgezehrt wird. Letztere werden durch
die Inrechnungstellung der zusätzlichen Reibung
berücksichtigt.

Die effective Leistung einer Dampfmaschine
wird ebenfalls in Pferdestärken à 75 Meterkilogramm
pro Secunde ausgedrückt und allgemein mit dem
Zeichen

$$N_n$$

bezeichnet.

Der Coefficient der zusätzlichen Reibung
wird erfahrungsgemäfs bestimmt und mit dem
griechischen Buchstaben

$$\mu$$

bezeichnet. Das Product aus den Factoren μ und N_n
nämlich

$$\mu \cdot N_n$$

drückt die zusätzliche Reibung selbst aus.

Es gilt hiernach die folgende Gleichung zwischen den genannten Gröfsen, nämlich

$$N_n = N_i - N_o - \mu \cdot N_n \quad \ldots \ldots \quad (1$$

woraus sich für die effective Leistung oder den Nutz-effect der Dampfmaschine in Pferdestärken die Formel

$$N_n = \frac{N_i - N_o}{1 + \mu} \cdot \quad \ldots \ldots \quad (2$$

ergibt.

Die Gröfse des Coefficienten der zusätzlichen Reibung wird durch empirische Formeln ausgedrückt, welche den an ausgeführten Dampfmaschinen ge-sammelten Erfahrungsresultaten mit thunlichster An-näherung entsprechen.

Bei den nachstehenden Berechnungen ist der Coefficient der zusätzlichen Reibung nach der den Erfahrungen des Verfassers für Fabriks-Betriebs-Dampfmaschinen und Dampfmotoren für das Klein-gewerbe angepassten Formel

$$\mu = \frac{12}{60 + D} \cdot \quad \ldots \ldots \quad (3$$

berechnet. Hierin ist D der Kolbendurchmesser der Dampfmaschine in Centimeter. Diese Formel ent-spricht der Berücksichtigung des für die Praxis bei einer neu zu erbauenden Maschine äufserst wichtigen Umstandes, dafs es nicht darauf ankommt, ob die Maschine um einige Zehntel Pferdestärken mehr leistet, wohl aber sehr unangenehm werden kann, wenn die Maschine nicht die bedungene Leistung aufweist.

Als Abkürzungen für die Bezeichnung der Längeneinheiten werden im Nachstehenden die folgenden angewendet

$$\text{Meter} \ldots \ldots \ldots \ldots \text{m}$$
$$\text{Centimeter} \ldots \ldots \ldots \text{cm}$$
$$\text{Millimeter} \ldots \ldots \ldots \text{mm}$$

ferner für die Flächeneinheiten

$$\text{Quadratmeter} \ldots \ldots \text{m}^2$$
$$\text{Quadratcentimeter} \ldots \ldots \text{cm}^2$$

und für die Raumeinheit

$$\text{Kubikmeter} \ldots \ldots \ldots \text{m}^3$$

Es bezeichnet also beispielsweise der Ausdruck

$$D = 45 \text{ cm}$$

„der Kolbendurchmesser der betreffenden Dampfmaschine beträgt 45 Centimeter",
oder

$$D = 450 \text{ mm}$$

„der Kolbendurchmesser der betreffenden Maschine beträgt 450 Millimeter".

Für einen Kolbendurchmesser von 45 cm ergibt die Gl. (3 den Coefficienten μ der zusätzlichen Reibung wie folgt.

Es ist

$$D = 45 \text{ cm}$$

und daher

$$\mu = \frac{12}{60 + 45} = \frac{12}{105} = 0,114$$

und hiermit der in die Formel (2 einzusetzende Wert

$$1 + \mu = 1,114.$$

Man kann nun erforderlichen Falles für den gegebenen Kolbendurchmesser der Dampfmaschine, ebenso wie es in dem vorstehenden Beispiele durchgeführt wurde, μ und $1 + \mu$ berechnen.

Zum raschen Gebrauche in der Praxis wurde die nachstehende Tabelle I vom Verfasser für eine Reihe von Durchmessern berechnet, welche zumeist in der Praxis angewendet erscheinen.

Tabelle I.

Coefficienten der zusätzlichen Reibung für Eincylinder-Dampfmaschinen von 100 bis 600 mm Kolbendurchmesser.

Kolbendurchmesser		Werte von		Kolbendurchmesser		Werte von	
mm	cm	μ	$1+\mu$	mm	cm	μ	$1+\mu$
100	10	0,171	1,171	280	28	0,136	1,136
110	11	0,169	1,169	300	30	0,133	1,133
120	12	0,167	1,167	320	32	0,130	1,130
130	13	0,164	1,164	350	35	0,126	1,126
140	14	0,162	1,162	380	38	0,122	1,122
150	15	0,160	1,160	400	40	0,120	1,120
160	16	0,158	1,158	420	42	0,117	1,117
180	18	0,154	1,154	450	45	0,114	1,114
200	20	0,150	1,150	500	50	0,109	1,109
220	22	0,146	1,146	520	52	0,107	1,107
240	24	0,143	1,143	550	55	0,104	1,104
250	25	0,141	1,141	600	60	0,100	1,100

Diese Tabelle umfaſst die Durchmesser kleiner und mittelgroſser eincylindriger Dampfmaschinen.

Groſse Dampfmaschinen für den Fabriksbetrieb werden dermalen nicht mehr als eincylindrige Maschinen gebaut, sondern durchwegs als Compoundmaschinen, Tandemmaschinen oder Dreifach-Expansionsmaschinen ausgeführt. Ihre Berechnung kommt daher hier nicht in Betracht.

Bei einer bereits im Betriebe stehenden Dampfmaschine kann die effective Leistung auch direct an der Maschine durch Bremsung mittels des Prony'schen Zaumes ermittelt werden. Diese Ermittlungsart ist jedoch zumeist und insbesondere bei gröfseren Dampfmaschinen mit sovielerlei Vorbereitungen und Schwierigkeiten bei den Messungen selbst verbunden, dafs dermalen eine solche Effectsbestimmung nur ganz ausnahmsweise zur Anwendung kommt. Dieselbe bleibt daher hier ganz ausser Betracht.

Ist die indicierte Leistung N_i und der Nutzeffect N_n ermittelt, so läfst sich auch der Wirkungsgrad der Dampfmaschine berechnen.

Der Wirkungsgrad eines Motors ist diejenige Zahl, welche das Verhältnis des Nutzeffectes, also des an der Betriebswelle dieses Motors von ihm abgegebenen Effectes, zum absoluten Effecte oder der dem Motor zugeleiteten Betriebskraft angibt, also kurz gesagt, das Verhältnis des Nutzeffectes zum absoluten Effecte.

Als absoluter Effect der einer Dampfmaschine zugeführten Betriebskraft mufs nun die vom Dampfe im Dampfcylinder verrichtete Arbeit, also die indicierte Leistung der Dampfmaschine N_i und als Nutzeffect die von der Schwungradwelle abgegebene effective Leistung derselben N_n, bezeichnet werden.

Der Wirkungsgrad wird allgemein durch den griechischen Buchstaben

$$\eta$$

bezeichnet. Es gilt demnach für die Berechnung des Wirkungsgrades einer Dampfmaschine die Formel

$$\eta = \frac{N_n}{N_i} \qquad \cdots \cdots \cdots \quad (4$$

Die in den folgenden Berechnungen vorkommenden

Hauptdimensionen und die dafür angewendeten Bezeichnungen einer Dampfmaschine sind insbesondere:

$D =$ Kolbendurchmesser. Derselbe wird je nach Erfordernis der Einfachheit der Darstellung in
mm, cm oder m ausgedrückt, wie es bei den
betreffenden Formeln jeweilig angegeben ist.

$d =$ Kolbenstangendurchmesser. Auch dieser wird je
nach Erfordernis in mm, cm oder m ausgedrückt.

$s =$ Kolbenhub. Derselbe wird bei der Bezeichnung
der Maschine in mm, bei den Berechnungen
jedoch stets in m ausgedrückt.

Die Gröfse der indicierten und effectiven Leistung
hängt aber nicht lediglich von diesen Hauptdimensionen der Dampfmaschine ab, sondern es hat auf
dieselbe die Höhe der Dampfspannung und die Art
der Dampfverteilung im Dampfcylinder, sowie auch
die minutliche Umdrehungszahl der Maschinenkurbel,
beziehungsweise die durch letztere bedingte mittlere
Kolbengeschwindigkeit einen ganz wesentlichen Einflufs.

Die Höhe der Dampfspannung im Dampfcylinder
während der Füllungsperiode oder Admissionsperiode
(Einströmungsperiode) wird die Admissions-Dampfspannung genannt und in Atmosphären oder Kilogramm pro Quadratcentimeter ausgedrückt.

Im folgenden wird die mittlere absolute Admissions-Dampfspannung stets mit

$$p_1$$

bezeichnet und in Kilogramm pro Quadratcentimeter
ausgedrückt.

Als abgekürzte Bezeichnungen werden hierbei
benützt

für Atmosphäre . . . . at

für Kilogramm pro Quadratcentimeter kg/cm²
und zwar ist 1 at = 1 kg/cm².

Es bezeichnet also beispielsweise

$$5 \text{ at}$$

ebensoviel als

$$5 \text{ kg/cm}^2,$$

es ist also

$$5 \text{ at} = 5 \text{ kg/cm}^2,$$

nämlich es sind 5 Atmosphären gleich dem Drucke
von 5 Kilogramm auf eine Fläche von 1 Quadratcentimeter.

Der Ausdruck

$$p_1 = 5 \text{ at}$$

besagt demnach, daſs die mittlere absolute Admissions-
Dampfspannung im Dampfcylinder 5 Atmosphären oder
5 Kilogramm pro Quadratcentimeter beträgt.

Diese mittlere Admissionsdampfspannung p_1 hängt
auſser von der Dampfspannung im Dampfkessel auch
noch von der Art der Steuerung und Regulierung des
Ganges der Maschine, von der Länge der Rohrleitung
beziehungsweise von der Entfernung des Dampfkessels von der Dampfmaschine und endlich auch
noch von der Art der Wartung des Dampfkessels
und der Dampfmaschine ab.

Allen diesen Umständen kann nicht durch eine
Formel ohne weiteres entsprochen werden, sondern
es kommt von Fall zu Fall auf die vorliegenden
Verhältnisse an.

Um jedoch für alle Fälle bei neu zu erbauenden
Maschinen im Vornhinein eine passende Annahme
machen zu können, hat man folgende Anhaltspunkte.

Zunächst ist zu berücksichtigen, daſs der Betrieb nie so gleichmäſsig geführt werden kann, daſs die Dampfspannung im Dampfkessel constant in der Höhe der maximalen zulässigen Dampfspannung bleibt, für welche der Dampfkessel erprobt wurde. Es muſs also für die Schwankungen der Dampfspannung im Kessel ein Spielraum gelassen und deshalb der Berechnung der Leistung eine etwas niedrigere Dampfspannung zu Grunde gelegt werden.

Man wird dieser Bedingung annähernd entsprechen, wenn man für die Schwankungen der Dampfspannung im Dampfkessel einen Theil einer Atmosphäre annimmt, welcher um so geringer sein muſs, je knapper die Leistungsfähigkeit der Dampfmaschine bei einer verhältnismäſsig niederen maximalen Dampfspannung im Dampfkessel und kurzen Rohrleitung dem geforderten Kraftaufwande entspricht. Am geringsten werden diese Schwankungen bei den Dampfmotoren für das Kleingewerbe (Klein-Dampfmaschinen, transportable Dampfmaschinen, Halblocomobile, halbstationäre Dampfmaschinen) sein dürfen, weil hierbei im Hinblick auf die zu erzielenden möglichst niedrigen Anschaffungskosten, sowohl die Gröſse des Kessels als auch jene der Maschine der geforderten Inanspruchnahme zumeist nur sehr knapp entsprechen können.

Im allgemeinen wird man für diese Schwankungen den Betrag von

$$0,3 \text{ at bis } 0,5 \text{ at.}$$

in die Rechnung stellen können.

Die Zuleitung des Dampfes aus dem Dampfkessel zur Dampfmaschine bringt einen weiteren Spannungsabfall mit sich, welcher, je nach Umständen 10 bis

20 % der Dampfspannung im Kessel betragen kann, so daſs die mittlere absolute Admissionsdampfspannung höchstens 80 bis 90 % von der absoluten Kessel-Dampfspannung beträgt.

Im nachstehenden ist die maximale absolute Kesseldampfspannung mit

$$p_a$$

bezeichnet und ebenfalls in Atmosphären oder Kilogramm pro Quadratcentimeter ausgedrückt.

Der vorstehenden Auseinandersetzung zufolge kann man für den Zusammenhang zwischen der maximalen absoluten Kesselspannung p_a und der mittleren absoluten Admissionsspannung p_1 die folgende Formel aufstellen, nämlich

$$p_1 = 0,8 \cdot (p_a - 0,5) \text{ bis } 0,9 \cdot (p_a - 0,3) \quad . \quad (5$$

Die sich nach dieser Formel ergebende **mittlere absolute Admissionsdampfspannung** p_1 **wird für die Berechnung der indicierten und effectiven Leistung einer neu zu erbauenden Dampfmaschine maſsgebend sein.**

Für die Ermittelung der Festigkeitsdimensionen einer neu zu erbauenden Dampfmaschine muſs jedoch die maximale absolute Admissionsdampfspannung gleich der maximalen absoluten Kesseldampfspannung p_a in die Rechnung gezogen werden.

Es wird deshalb auch die maximale absolute Admissionsdampfspannung p_a der Berechnung der Leerlaufsarbeit zu Grunde zu legen sein, weil diese von den Festigkeitsdimensionen der in Bewegung befindlichen Theile der Dampfmaschine abhängig ist.

Die Anwendung der Formel (5 erläutert folgendes Beispiel.

Für einen Dampfmotor (Klein-Dampfmaschine, Motor für das Kleingewerbe), welcher der Aufstellung wegen in einem gegebenen Falle nur mit einem Zwergkessel ausgerüstet sein darf, beträgt die maximale zulässige Dampfspannung im Dampfkessel 4 Atmosphären Überdruck. Die Dampfmaschine ist am vertical stehenden Kessel selbst montiert, daher die Rohrleitung zwischen beiden so kurz wie möglich.

In diesem Falle beträgt die maximale absolute Kesselspannung und zugleich maximale absolute Admissionsdampfspannung, für welche die Festigkeitsdimensionen der Maschine zu berechnen sind,

$$p_a = 4 + 1 = 5 \text{ at.}$$

Die Formel (5 ergibt hiefür im Hinblick auf den erzielbaren geringsten Spannungsabfall durch die Dampfschwankungen, nämlich 0,3 at, und unter Anwendung eines Mittelwertes des Coefficienten für den Spannungsabfall durch die Rohrleitung nämlich 0,85, die mittlere absolute Admissionsdampfspannung

$$p_1 = 0,85 \cdot (p_a - 0,3) = 0,85 \cdot (5 - 0,3) = 4 \text{ at.}$$

Unter ungünstigen Umständen kann es jedoch vorkommen, dafs die mittlere absolute Admissionsdampfspannung bei der maximalen Kesseldampfspannung von 4 at Überdruck nur den Betrag

$$p_1 = 0,8 \cdot (p_a - 0,5) = 0,8 \cdot (5 - 0,5) = 3,6$$

oder abgerundet

$$p_1 = 3,5 \text{ at}$$

aufweist.

Man wird also gut thun, die Leistung der Maschine sowohl für 3,5 at als auch für 4 at mittlere absolute Admissionsdampfspannung zu berechnen und eventuell beide, oder der gröfseren Sicherheit wegen wenigstens

einen abgerundeten Mittelwert zwischen beiden
als die normale Leistung der Dampfmaschine
anzugeben.

In gleicher Weise ist man in der Lage, in jedem
besonderen Falle die Werte von p_a und p_1 für eine
neu zu erbauende Dampfmaschine zu berechnen.

In der Praxis werden die Ergebnisse der Berechnung der mittleren absoluten Admissionsdampfspannung der einfachen Rechnung wegen und um
eventuell für die Erzielung der angegebenen Leistungsfähigkeit noch eine etwas gröfsere Sicherheit zu erzielen, zweckmässiger Weise auf halbe Atmosphären
nach unten abgerundet.

Diesem Grundsatze entsprechend wurde vom Verfasser die nachstehende Tabelle II für die in der Praxis
bei Dampfkesseln für eincylindrige Dampfmaschinen
zumeist gebräuchlichen, ebenfalls nach halben Atmosphären abgerundeten Überdruck-Dampfspannungen
von 4 bis 7,5 Atmosphären berechnet.

Tabelle II.

Dampfspannungen.

Maximale zulässige Dampfspannung im Dampfkessel in Atmosphären Überdruck	Maximale absolute Dampfspannung im Dampfkessel in Atmosphären p_a	Mittlere absolute Admissionsdampfspannung im Dampfcylinder in Atmosphären p_1	
		unter ungünstigen Umständen	unter günstigen Umständen
4	5	3,5	4
4,5	5,5	4	4,5
5	6	4,5	5
5,5	6,5	5	5,5
6	7	5	6
6,5	7,5	5,5	6,5
7	8	6	7
7,5	8,5	6,5	7,5

Die mittlere absolute Dampfspannung während der Ausströmungsperiode oder Emissionsperiode wird die mittlere absolute Emissionsdampfspannung genannt und im folgenden mit

$$p_2$$

bezeichnet und ebenfalls in Atmosphären oder Kilogramm pro Quadratcentimeter ausgedrückt.

Dieselbe schwankt bei gut gebauten Auspuffdampfmaschinen zwischen 1,1 und 1,2 at und bei Condensationsdampfmaschinen zwischen 0,21 und 0,3 at und ist im Allgemeinen bei höheren Füllungsgraden etwas gröfser als bei niedrigeren.

Mit Rücksicht darauf, dafs der Dampf einer Auspuffmaschine in der Regel durch einen Vorwärmer geht, welcher den Gegendruck im Dampfcylinder während der Ausströmungsperiode wesentlich erhöhen kann, erscheint es angezeigt, die absolute Emissionsdampfspannung bei der Berechnung der Leistung neu zu erbauender Auspuff-Dampfmaschinen nicht zu klein in die Rechnung zu stellen.

Aus diesem Grunde ist bei den nachstehenden Berechnungen die mittlere absolute Emissionsdampfspannung bei den Auspuffmaschinen von **240 mm** Kolbendurchmesser aufwärts mit

$$p_2 = 1{,}15 \text{ bis } 1{,}2 \text{ at} \quad . \quad . \quad . \quad . \quad (6$$

und bei den Dampfmotoren (Klein-Dampfmaschinen) von 100 bis **220 mm** Kolbendurchmesser, im Hinblick auf die zumeist sehr knappe Anpassung der Leistungsfähigkeit derselben an die wirklich gestellten Anforderungen mit

$$p_2 = 1{,}2 \text{ at} \quad . \quad . \quad . \quad . \quad . \quad (7$$

in die Rechnung gestellt, um die thatsächliche Erreichung der berechneten Leistung in der Praxis thunlichst zu sichern.

Ebenso ist die mittlere absolute Emissionsdampfspannung für Condensations-Dampfmaschinen mit

$$p_2 = 0,22 \text{ bis } 0,3 \text{ at} \quad . \quad . \quad . \quad . \quad (8$$

in die Rechnung gezogen.

Für die Berechnung des Dampfdruckes auf den Dampfkolben ist zunächst die Größe der wirksamen Kolbenfläche zu ermitteln. Dieselbe wird im folgenden mit

$$F$$

bezeichnet.

Da die Dampfspannungen durchwegs in Kilogramm pro Quadratcentimeter ausgedrückt sind, so wird auch die wirksame Kolbenfläche bei der Berechnung des Dampfdruckes auf den Kolben in Quadratcentimeter ausgedrückt.

Es bezeichnet ferner

D den Kolbendurchmesser in Centimeter,

d den Kolbenstangendurchmesser in Centimeter.

Mit diesen Bezeichnungen ergeben sich für die wirksame Kolbenfläche die Formeln:

a) für Dampfmaschinen mit einseitiger Kolbenstange

$$F = \frac{\pi}{4} \cdot D^2 - \frac{1}{2} \cdot \frac{\pi}{4} \cdot d^2 \quad . \quad . \quad . \quad . \quad (9$$

b) für Dampfmaschinen mit beiderseitiger Kolbenstange

$$F = \frac{\pi}{4} \cdot D^2 - \frac{\pi}{4} \cdot d^2 \quad . \quad . \quad . \quad . \quad (10$$

Bezüglich der Kolbenstange ist bei Maschinen mit beiderseitiger Kolbenstange dem Grundsatze zu entsprechen, den Durchmesser der Kolbenstange nicht zu schwach zu machen, insbesondere bei horizontalen Dampfmaschinen, um eine möglichst geringe Durchbiegung der Kolbenstange durch das Gewicht des Dampfkolbens zu erzielen.

Bei den folgenden Berechnungen ist für die Ermittelung des Durchmessers der Kolbenstange die nachstehende Formel angewendet, nämlich

$$d = \frac{1}{5} \cdot D \text{ bis } \frac{1}{7} \cdot D \quad \ldots \ldots \quad (11$$

und zwar sind für die kleineren Kolbendurchmesser verhältnismäfsig stärkere Kolbenstangen angewendet, für die gröfseren Kolbendurchmesser aber annähernd Mittelwerte zwischen den sich nach dieser Formel ergebenden Grenzwerten.

Der Durchmesser der Kolbenstangen ist stets auf ein Kalibermafs abgerundet und zwar nach der folgenden bis 100 mm vom österr. Ingenieur- und Architekten-Vereine aufgestellten Tabelle.

Tabelle III.

Kalibermaße in Millimeter.

5	16	32	50	80
7	18	33	52	85
8	20	35	55	90
10	23	36	60	95
12	25	40	65	100
13	26	42	70	105
14	28	45	72	110
15	30	48	75	115

Mit den bei den folgenden Rechnungen eingehaltenen Bezeichnungen:

$c =$ mittlere Kolbengeschwindigkeit in Meter pro Secunde,

$s =$ Kolbenhub in Meter

$n =$ Minutliche Umdrehungszahl der Maschinenkurbel (Umdrehungszahl pro Minute, Tourenzahl pro Minute)

ergibt sich für die **mittlere Kolbengeschwindigkeit** die Formel

$$c = \frac{n \cdot s}{30} \quad \ldots \ldots \quad (12$$

und hieraus für die **minutliche Umdrehungszahl** die Formel

$$n = \frac{30 \cdot c}{s} \quad \ldots \ldots \quad (13$$

Man nennt die minutliche Umdrehungszahl der Maschinenkurbel auch die minutliche Umdrehungszahl oder Tourenzahl der Maschine, oder kurzweg die minutliche Umdrehungszahl oder auch die Tourenzahl pro Minute.

Hat man letztere gegeben und ist auch der Kolbenhub bekannt oder angenommen, so läfst sich mittels der Formel (12 die entsprechende mittlere Kolbengeschwindigkeit berechnen.

Bei neu zu erbauenden Maschinen entscheidet man sich entweder für eine passende Gröfse der mittleren Kolbengeschwindigkeit und berechnet hiernach die minutliche Umdrehungszahl mittels der Formel (13 oder man nimmt eine passend abgerundete Umdrehungszahl an und berechnet damit aus der Formel (12 die zugehörige mittlere Kolbengeschwindigkeit.

Hinsichtlich der Gröfse der mittleren Kolbengeschwindigkeit und minutlichen Umdrehungszahl hat man nach dem dermaligen Stande des Maschinenbaues zwei Arten von Dampfmaschinen zu unterscheiden und zwar solche mit normaler Kolbengeschwindigkeit und normaler Umdrehungszahl und solche mit hoher Kolbengeschwindigkeit und hoher Umdrehungszahl.

Erstere werden normale Dampfmaschinen, letztere Schnelläufer genannt.

Bei den nachfolgenden Berechnungen sind nur normale Dampfmaschinen mit dem Hubverhältnisse

$$\frac{s}{D} = 2 \quad \ldots \ldots \quad (14$$

also mit dem Kolbenhube

$$s = 2 \cdot D \quad \ldots \ldots \quad (15$$

in Betracht gezogen.

Es ist jedoch nicht schwierig, die gewonnenen Rechnungsresultate auch für die Berechnung der Schnelläufer in Anwendung zu bringen.

Ist nämlich der Kolbenhub nicht $2 \cdot D$, sondern $k \cdot 2 \cdot D$ und die minutliche Umdrehungszahl nicht n, sondern $k_1 \cdot n$, so sind eben nur diejenigen Ausdrücke, in welchen s und n als Factoren erscheinen, mit k beziehungsweise mit k_1 zu multiplicieren.

Für normale Dampfmaschinen ergibt die nachfolgende vom Verfasser angegebene Formel den gegenwärtig gebräuchlichen Ausführungen entsprechende Werte der mittleren Kolbengeschwindigkeit, nämlich

a) für Dampfmaschinen mit Schiebersteuerungen

$$c = 1,4 \cdot \sqrt[3]{s \cdot \sqrt{p_1}} \quad \ldots \ldots \quad (16$$

b) für Dampfmaschinen mit Ventilsteuerungen und Präcisions-Schiebersteuerungen

$$c = 1{,}55 \cdot \sqrt[3]{s} \cdot \sqrt{p_1} \quad \ldots \ldots \quad (17$$

in welchen wieder

    c die mittlere Kolbengeschwindigkeit in Meter pro Secunde

    s den Kolbenhub in Meter

    p_1 die mittlere absolute Admissionsspannung in Kilogramm pro Quadratcentimeter oder Atmosphären

bezeichnen.

Bei Schnelläufern kann die mittlere Kolbengeschwindigkeit bis zum zweifachen des sich aus den Formeln (16 und (17 ergebenden Wertes betragen.

Für die Berechnung der Leistung einer Dampfmaschine kommen noch folgende Gröfsen in Betracht, die besonders zu ermitteln sein werden, nämlich

    p_i die mittlere indicierte Spannung in Atmosphären, welche allein und während des ganzen Kolbenhubes gleichbleibend auf den Kolben wirkend gedacht, die indicierte Leistung der Dampfmaschine ergibt.

    p_0 die mittlere Leerlaufsspannung in Atmosphären, welche in gleicher Weise die Leerlaufsarbeit ergibt.

Mit diesen Bezeichnungen erhält man für die Ermittelung der vorgenannten Arbeitsgröfsen die nachstehenden Formeln und zwar:

a) für die Berechnung der indicierten Leistung in Pferdestärken

$$N_i = \frac{F \cdot s \cdot n}{30 \cdot 75} \cdot p_i \quad \ldots \ldots \quad (18$$

b) für die Berechnung der Leerlaufsarbeit in Pferdestärken

$$N_0 = \frac{F \cdot s \cdot n}{30 \cdot 75} \cdot p_0 \quad \cdot \quad \cdot \quad \cdot \quad \cdot \quad \cdot \quad (19$$

Es ist nämlich der gesammte mittlere Dampfdruck auf den Kolben, mit der wirksamen Kolbenfläche F in cm^2, weil p_i und p_0 in Atmosphären à 1 kg auf 1 cm^2 ausgedrückt sind:

    a) für die indicierte Leistung . $F \cdot p_i$

    b) für die Leerlaufsarbeit . . $F \cdot p_0$

während des ganzen Kolbenhubes s, also die Arbeit während je eines Kolbenhubes in Meterkilogramm:

  a) für die indicierte Leistung . $F \cdot p_i \cdot s = F \cdot s \cdot p_i$

  b) für die Leerlaufsarbeit . . $F \cdot p_0 \cdot s = F \cdot s \cdot p_0$

und demnach die Arbeit für n Kurbelumdrehungen, also für 2 . n Kolbenhübe in Meterkilogramm:

a) für die indicierte Leistung $F \cdot s \cdot p_i \cdot 2 \cdot n = F \cdot s \cdot 2 \cdot n \cdot p_i$

b) für die Leerlaufsarbeit . $F \cdot s \cdot p_0 \cdot 2 \cdot n = F \cdot s \cdot 2 \cdot n \cdot p_i$

und mithin die Arbeit pro Secunde, ebenfalls in Meterkilogramm:

    a) für die indicierte Leistung

$$\frac{F \cdot s \cdot 2 \cdot n \cdot p_i}{60} = \frac{F \cdot s \cdot n}{30} \cdot p_i$$

    b) für die Leerlaufsarbeit

$$\frac{F \cdot s \cdot 2 \cdot n \cdot p_0}{60} = \frac{F \cdot s \cdot n}{30} \cdot p_0$$

und es ergibt sich somit endlich, da

$$1 \, PS = 75 \, \text{mkg/Sec}$$

beträgt, die Arbeit in Pferdestärken:

    a) für die indicierte Leistung

$$N_i = \frac{F \cdot s \cdot n}{30 \cdot 75} \cdot p_i$$

b) für die Leerlaufsarbeit

$$N_0 = \frac{F \cdot s \cdot n}{30 \cdot 75} \cdot p_0$$

wie es vorstehend in den Formeln (18 und (19 angegeben ist.

Sind diese beiden Arbeitsgröfsen ermittelt, so
läfst sich auch die effective Leistung der Maschine in
Pferdestärken nach der Formel (2 berechnen.

Für die unmittelbare Gebrauchnahme sind die
Werte für die Kolbenstangendurchmesser, den Kolbenhub, die mittlere Kolbengeschwindigkeit, die minutliche Umdrehungszahl, ferner die Werte für die
wirksame Kolbenfläche und für den Coefficienten

$$\frac{F \cdot s \cdot n}{30 \cdot 75}$$

für die in der Tabelle I enthaltenen Kolbendurchmesser vom Verfasser berechnet und in den nachstehenden Tabellen IV, V und VI zusammengestellt.

Im Hinblick auf die gewöhnlichen Ausführungen
in der Praxis sind bei den Dampfmotoren (Klein-
Dampfmaschinen) von 100 bis 220 mm Kolbendurchmesser durchwegs einseitige Kolbenstangen, hingegen
bei allen übrigen Dampfmaschinen beiderseitige Kolbenstangen vorausgesetzt und deshalb die Rechnungsresultate in besonderen Tabellen zusammengestellt.

Unter Berücksichtigung der Grenzen der mittleren
absoluten Admissionsdampfspannung nach der Tabelle II,
wurde für die Berechnung der mittleren Kolbengeschwindigkeit bei den in der Tabelle IV zusammengestellten Dampfmotoren (Klein-Dampfmaschinen) von
100 bis 220 mm Kolbendurchmesser, mit Schiebersteuerung als Mittelwert in die Formel (16

$$p_1 = 5 \text{ at} \quad . \quad . \quad . \quad . \quad . \quad . \quad (20$$

dann für die in der Tabelle V zusammengestellten Dampfmaschinen von 240 bis 450 mm Kolbendurchmesser mit Schiebersteuerung als Mittelwert in die Formel (16

$$p_1 = 6 \text{ at} \quad . \quad . \quad . \quad . \quad . \quad . \quad (21$$

und endlich für die in der Tabelle VI zusammengestellten Dampfmaschinen mit Ventilsteuerungen von 300 bis 600 mm Kolbendurchmesser als Mittelwert

$$p_1 = 7 \text{ at} \quad . \quad . \quad . \quad . \quad . \quad . \quad (22$$

in die Formel (17 eingesetzt, hiernach c berechnet und mit diesem Werte von c die minutliche Umdrehungszahl nach der Formel (13 ermittelt und passend abgerundet und endlich mit diesem abgerundeten Werte von n aus der Formel (12 die entsprechende mittlere Kolbengeschwindigkeit berechnet und auf 2 Decimalen abgerundet.

Nachstehendes Beispiel erläutert diesen Berechnungsvorgang.

Der Kolbendurchmesser der Maschine betrage
$$D = 320 \text{ mm,}$$
dann ist der Kolbenhub nach der Formel (15
$$s = 2 \cdot D = 2 \cdot 320 = 640 \text{ mm} = 0{,}640 \text{ m}$$
und die mittlere absolute Admissionsdampfspannung für die Geschwindigkeitsberechnung nach der Formel (21
$$p_1 = 6 \text{ at} \, .$$
Hiefür ergibt die Formel (16 für eine Dampfmaschine mit Schiebersteuerung die mittlere Kolbengeschwindigkeit auf 2 Decimalen abgerundet

$$c = 1{,}4 \cdot \sqrt[3]{s} \cdot \sqrt{p_1} = 1{,}4 \cdot \sqrt[3]{0{,}640} \cdot \sqrt{6} = 1{,}62 \text{ m} \, .$$

Mit diesem Werte von c erhält man aus der Formel (13 die minutliche Umdrehungszahl

$$ n = \frac{30 \cdot c}{s} = \frac{30 \cdot 1{,}62}{0{,}640} = 75{,}9; $$

als zunächst gelegener passend abgerundeter Wert ergibt sich hiefür

$$ n = 75 $$

und demnach erhält man aus der Formel (12 die zugehörige mittlere Kolbengeschwindigkeit

$$ c = \frac{n \cdot s}{30} = \frac{75 \cdot 0{,}64}{30} = 1{,}60\,\mathrm{m}. $$

Die so ermittelten Werte

$$ n = 75 $$
$$ c = 1{,}60 $$

wurden für die Ausführung der Maschine beibehalten und in die Tabelle V eingetragen.

In der gleichen Weise wurden c und n für alle übrigen Kolbendurchmesser in den Tabellen IV, V und VI berechnet, jedoch hierbei gleich die nachstehend angegebenen einfacheren Formeln (23 bis (25 für die Ermittelung der mittleren Kolbengeschwindigkeit c benützt.

Für die mittlere absolute Admissions-Dampfspannung nach der Formel (20

$$ p_1 = 5\,\mathrm{at} $$

ergibt die Formel (16 für den Wert der mittleren Kolbengeschwindigkeit c die nachstehende einfachere Formel, welche nur mehr den Kolbenhub s als allgemeine Dimension enthält, nämlich

$$ c = 1{,}834 \cdot \sqrt[3]{s} \quad . \quad . \quad . \quad . \quad (23 $$

Nach dieser Formel sind die mittleren Kolbengeschwindigkeiten in der Tabelle IV berechnet und ist dieselbe deshalb auch der Überschrift dieser Tabelle beigefügt.

Ebenso ergibt die Formel (16 für die mittlere absolute Admissions-Dampfspannung nach der Formel (21, nämlich für

$$p_1 = 6 \text{ at}$$

zur Berechnung der mittleren Kolbengeschwindigkeit c die einfachere Formel

$$c = 1{,}890 \cdot \sqrt[3]{s} \quad \ldots \ldots \quad (24$$

Nach dieser Formel sind die mittleren Kolbengeschwindigkeiten in der Tabelle V berechnet und ist dieselbe deshalb auch der Überschrift dieser Tabelle beigefügt.

Endlich erhält man für Dampfmaschinen mit Ventilsteuerungen aus der Formel (17 für die mittlere absolute Admissionsdampfspannung nach der Formel (22, nämlich für

$$p_1 = 7 \text{ at}$$

für die mittlere Kolbengeschwindigkeit c die einfachere Formel

$$c = 2{,}150 \cdot \sqrt[3]{s} \quad \ldots \ldots \quad (25$$

welche in der Tabelle VI angewendet wurde.

Man erhält beispielsweise für einen Dampfmotor mit 280 mm Kolbenhub

$$s = 0{,}280 \text{ m}$$

und hiefür nach der Formel (23 die mittlere Kolbengeschwindigkeit auf 2 Decimalen abgerundet

$$c = 1{,}834 \cdot \sqrt[3]{s} = 1{,}834 \cdot \sqrt[3]{0{,}28} = 1{,}834 \cdot 0{,}654 = 1{,}20 \text{ m}$$

somit nach der Formel (13 die minutliche Umdrehungszahl

$$n = \frac{30 \cdot c}{s} = \frac{30 \cdot 1{,}2}{0{,}28} = 128{,}57,$$

welche passend abzurunden ist und zwar am besten
gleich auf

$$n = 130,$$

wie es in der Tabelle IV eingetragen ist.

Dieser abgerundeten minutlichen Umdrehungszahl
entspricht die mittlere Kolbengeschwindigkeit nach
der Formel (12 nämlich

$$c = \frac{n \cdot s}{30} = \frac{130 \cdot 0{,}28}{30} = 1{,}21 \text{ m}.$$

Tabelle IV.

Hauptdimensionen der Dampfmotoren (Klein-Dampfmaschinen)
von 100 bis 220 mm Kolbendurchmesser mit einfacher Schiebersteuerung und einseitiger Kolbenstange.

$$c = 1{,}834 \cdot \sqrt[3]{s}.$$

Kolben-durch messer mm	Kolben-hub mm	Kolben-stangen-durch-messer mm	Mittlere Kolben-geschwin-digkeit m/Sec.	Minut-liche Um-drehungs-zahl	Wirksame Kolbenfläche cm²	$\dfrac{F \cdot s \cdot n}{30 \cdot 75}$
100	200	20	1,07	160	77,0	1,095
110	220	23	1,10	150	93,0	1,364
120	240	23	1,12	140	111,0	1,658
130	260	25	1,17	135	130,3	2,033
140	280	26	1,21	130	151,3	2,448
150	300	28	1,25	125	173,6	2,893
160	320	30	1,28	120	197,5	3,376
180	360	33	1,32	110	250,2	4,403
200	400	35	1,33	100	309,4	5,500
220	440	40	1,39	95	373,9	6,946

Tabelle V.

Hauptdimensionen der Dampfmaschinen von 240 bis 450 mm Kolbendurchmesser, mit Expansions-Schiebersteuerung und beiderseitiger Kolbenstange.

$$c = 1{,}890 \cdot \sqrt[3]{s} \, .$$

Kolben-durch-messer mm	Kolben-hub mm	Kolben-stangen-durch-messer mm	Mittlere Kolben-geschwin-digkeit m/Sec.	Minut-liche Um-drehungs-zahl	Wirksame Kolbenfläche cm²	$\dfrac{F \cdot s \cdot n}{30 \cdot 75}$
240	480	42	1,44	90	438,5	8,419
250	500	45	1,50	90	475,0	9,500
280	560	48	1,58	85	597,7	12,645
300	600	50	1,60	80	687,2	14,660
320	640	55	1,60	75	780,5	16,651
350	700	60	1,68	72	933,8	20,917
380	760	65	1,72	68	1100,9	25,286
400	800	65	1,73	65	1223,5	28,276
420	840	70	1,82	65	1347,0	32,687
450	900	75	1,80	60	1546,3	37,111

Tabelle VI.

Hauptdimensionen der Dampfmaschinen mit Ventilsteuerung oder Präcisions-Schiebersteuerung, von 300 bis 600 mm Kolben-durchmesser, mit beiderseitiger Kolbenstange.

$$c = 2{,}150 \cdot \sqrt[3]{s} \, .$$

Kolben-durch-messer mm	Kolben-hub mm	Kolben-stangen-durch-messer mm	Mittlere Kolben-geschwin-digkeit m/Sec.	Minut-liche Um-drehungs-zahl	Wirksame Kolbenfläche cm²	$\dfrac{F \cdot s \cdot n}{30 \cdot 75}$
300	600	50	1,80	90	687,2	16,493
320	640	55	1,81	85	780,5	18,870
350	700	60	1,91	82	933,8	23,822
380	760	65	1,97	78	1100,9	29,005
400	800	70	2,00	75	1218,1	32,483
420	840	70	2,02	72	1347,0	36,207
450	900	75	2,10	70	1546,3	43,296
500	1000	80	2,17	65	1913,2	55,270
550	1100	90	2,20	60	2312,2	67,825
600	1200	100	2,20	55	2748,9	80,634

Das mit Bezug auf die Formeln (12 bis (15 angegebene Verfahren der Benützung der Tabellenwerte für die mittlere Kolbengeschwindigkeit und den Coefficienten

$$\frac{F \cdot s \cdot n}{30 \cdot 75}$$

bei gewählter anderer minutlicher Umdrehungszahl oder anderem Hubverhältnisse, ist durch nachstehende Beispiele erläutert.

Eine Dampfmaschine mit Schiebersteuerung und beiderseitiger Kolbenstange erhält 320 mm Kolbendurchmesser, 55 mm Kolbenstangendurchmesser, 600 mm Kolbenhub und 75 minutliche Kurbelumdrehungen. Es sind also durchaus dieselben Werte, wie sie die Tabelle V für 320 mm Kolbendurchmesser enthält, mit Ausnahme des Kolbenhubes, welcher dort mit 640 mm angegeben ist, nunmehr aber nur 600 mm betragen soll.

Hiefür ist der Coefficient für das geänderte Hubverhältnis

$$k = 600 : 640 = 0{,}9375.$$

Hiermit ergibt sich die abgeänderte mittlere Kolbengeschwindigkeit, an Stelle des Tabellenwertes 1,60 m

$$c = k \cdot 1{,}60 = 0{,}9375 \cdot 1{,}60 = 1{,}50 \text{ m}$$

und es wird ferner der abgeänderte Coefficient

$$\frac{F \cdot s \cdot n}{30 \cdot 75}$$

statt des Tabellenwertes 16,651

$$\frac{F \cdot s \cdot n}{30 \cdot 75} = k \cdot 16{,}651 = 0{,}9375 \cdot 16{,}651 = 15{,}610.$$

Soll dagegen die Dampfmaschine mit Schiebersteuerung von 300 mm Kolbendurchmesser mit den in der Tabelle V angegebenen Dimensionen ausgeführt werden, aber nicht mit der dort angegebenen minutlichen Umdrehungszahl 80, sondern mit 90 minutlichen Kurbelumdrehungen laufen, so ist das Verhältnis der Umdrehungszahlen

$$k_1 = 90 : 80 = 1{,}125$$

also die geänderte mittlere Kolbengeschwindigkeit statt des Tabellenwertes 1,60 m

$$c = k_1 \cdot 1{,}60 = 1{,}125 \cdot 1{,}60 = 1{,}80 \text{ m}$$

und es wird weiter der Coefficient

$$\frac{F \cdot s \cdot n}{30 \cdot 75}$$

statt des Tabellenwertes 14,660

$$\frac{F \cdot s \cdot n}{30 \cdot 75} = k_1 \cdot 14{,}660 = 1{,}125 \cdot 14{,}660 = 16{,}493.$$

Wird in einem besonderen Falle sowohl ein anderer Kolbenhub als auch eine andere Umdrehungszahl angewendet, als für den betreffenden Kolbendurchmesser in der Tabelle angegeben ist, und man will die Tabellenwerte benützen, so hat man zugleich k und k_1 in die Rechnung zu ziehen.

Es soll beispielsweise die Dampfmaschine mit Schiebersteuerung, mit 250 mm Kolbendurchmesser, statt mit den in der Tabelle V angegebenen Größen:

$$\text{Kolbenhub} = 500 \text{ mm}$$
$$\text{Umdrehungszahl} = 90$$

mit folgenden ausgeführt werden:

$$\text{Kolbenhub} = 400 \text{ mm}$$
$$\text{Umdrehungszahl} = 100,$$

so hat man den Coefficienten für das Hubverhältnis

$$k = 400 : 500 = 0{,}8$$

und den Coefficienten für die geänderte minutliche Umdrehungszahl

$$k_1 = 100 : 90 = 1,1111.$$

Hiermit wird die geänderte mittlere Kolbengeschwindigkeit statt des Tabellenwertes 1,50 m

$$c = k \cdot k_1 \cdot 1,50 = 0,8 \cdot 1,1111 \cdot 1,50 = 1,33 \text{ m}$$

und der abgeänderte Wert des Coefficienten

$$\frac{F \cdot s \cdot n}{30 \cdot 75}$$

statt des Tabellenwertes 9,500

$$\frac{F \cdot s \cdot n}{30 \cdot 75} = k \cdot k_1 \cdot 9,500 = 0,8 \cdot 1,1111 \cdot 9,500 = 8,444.$$

Dieselben Werte ergibt natürlich auch die **directe** Berechnung. Man erhält nach Gl. (12 die mittlere Kolbengeschwindigkeit

$$c = \frac{n \cdot s}{30} = \frac{100 \cdot 0,4}{30} = 1,33 \text{ m}$$

und mit dem Tabellenwerte für die wirksame Kolbenfläche

$$F = 475,0 \text{ cm}^2$$

den Coefficienten

$$\frac{F \cdot s \cdot n}{30 \cdot 75} = \frac{475,0 \cdot 0,4 \cdot 100}{30 \cdot 75} = 8,444.$$

Berechnung der Leistung einer im Betriebe stehenden Dampfmaschine, auf Grund ihrer Indicatordiagramme.

Wenn es sich um die Berechnung der von einer bereits im Betriebe stehenden Dampfmaschine thatsächlich geleisteten Arbeit handelt, von welcher Indicatordiagramme über die Betriebsarbeit und Leerlaufsarbeit vorliegen, so wird aus ersterem die mittlere indicierte Spannung p_i in Atmosphären à 1 kg pro 1 cm² und aus letzterem die mittlere Leerlaufsspannung p_0 ebenfalls in Atmosphären à 1 kg auf 1 cm² ermittelt und mit Hilfe dieser Werte und der Dimensionen der Dampfmaschine nach den Formeln (18 und (19 die indicierte Leistung N_i und die Leerlaufsarbeit N_0 in Pferdestärken berechnet. Hiermit ergibt sodann die Formel (2 nach Einsetzung des zum Kolbendurchmesser D gehörigen, aus der Tabelle I zu entnehmenden, oder nach der Formel (3 zu berechnenden Wertes des Coefficienten der zusätzlichen Reibung μ, die effective Leistung der Maschine in Pferdestärken.

Nachstehendes Beispiel erläutert den bezüglichen Rechnungsvorgang.

Von einer eincylindrigen Condensationsdampfmaschine mit Collmann-Ventilsteuerung sind die beiden in Fig. 1 und 2 nach den Originalen dargestellten

Indicatordiagramme abgenommen und zwar jenes in Fig. 1 bei normal belasteter und jenes in Fig. 2 bei leer laufender Maschine. Die atmosphärische Linie ist in beiden Diagrammen mit aa bezeichnet. Das Inddicatordiagramm Fig. 1 ist also jenes für die Ermittlung der indicierten Leistung N_i und Fig. 2 das Leerlaufsdiagramm für die Ermittlung der Leerlaufsarbeit N_0.

Zufolge der bei der Abnahme der Diagramme verwendeten Indicatorfedern sind die Dampfspannungen

1 at $= 10$ mm im Diagramme Fig. 1
1 at $= 10,7$ mm „   „   Fig. 2,
wobei wie im Vorstehenden
1 at $= 1$ Atmosphäre $= 1$ kg auf 1 cm^2
bezeichnet.

Die mittlere indicierte Spannung p_i ist nun gleich der mittleren Höhe der Fläche des Indicatordiagrammes Fig. 1 und ebenso ist die mittlere Leerlaufsspannung p_0 gleich der mittleren Höhe der

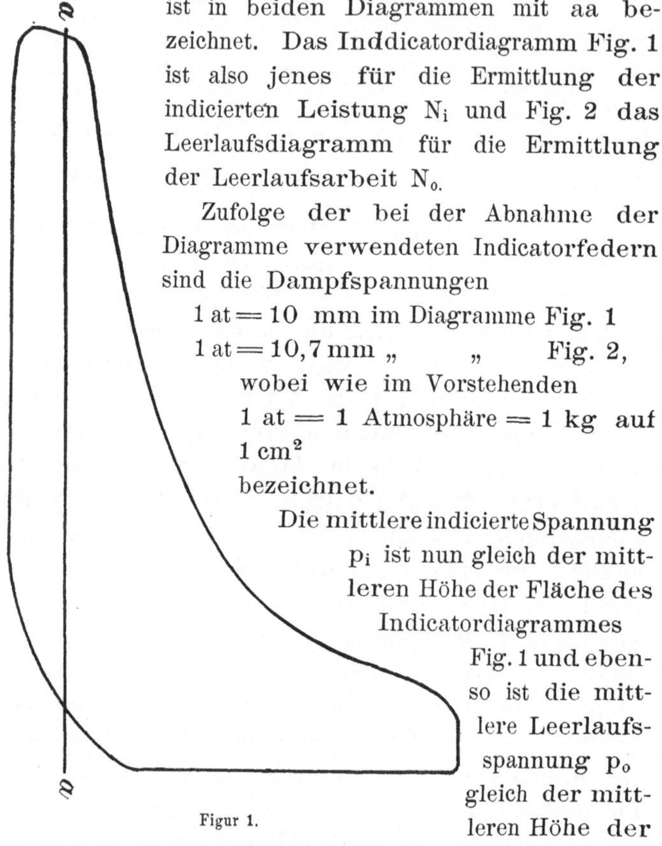

Figur 1.

Fläche des Indicatordiagrammes in Fig. 2.

Die Ermittlung dieser mittleren Höhe erfolgt nun entweder durch die Messung der Diagrammfläche mittels des Planimeters und Division derselben durch die Länge des Diagrammes gleich dem reducierten Kolbenhube s, oder durch Eintheilung der Diagrammfläche in 10 gleich breite Streifen, wie es in Fig. 3 und 4 durchgeführt ist, und Messung der mittleren Höhen h_1 h_2 h_3 . . . . . h_{10} dieser Streifen, als deren Mittelwert sich die mittlere Diagrammhöhe h ergibt, nämlich

$$h = \frac{1}{10} \cdot (h_1 + h_2 + h_3 + \ldots\ldots + h_{10}) \qquad (26$$

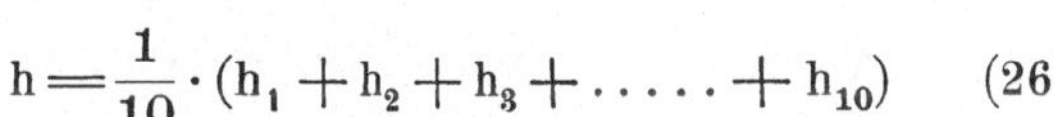

wobei alle diese Höhen bereits auf Grund des Maſsstabes der Indicatorfeder, in Atmosphären ausgedrückt sind.

Die so ermittelte Höhe h des Indicatordiagrammes Fig. 3 ergibt die mittlere indicierte Spannung p_i, nämlich

$$p_i = h \text{ aus Fig. } 3 \quad . \quad . \quad . \quad (27$$

und die ebenso ermittelte Höhe h des Leerlaufsdiagramms Fig. 4 ergibt die mittlere Leerlaufsspannung p_0, nämlich

$$p_0 = h \text{ aus Fig. } 4 \quad . \quad . \quad . \quad (28$$

Man erhält auf diese Weise zufolge der thatsächlichen Messung von h_1 bis h_{10} nach der Formel (26

a) für die indicierte Leistung aus dem Diagramme Fig. 3

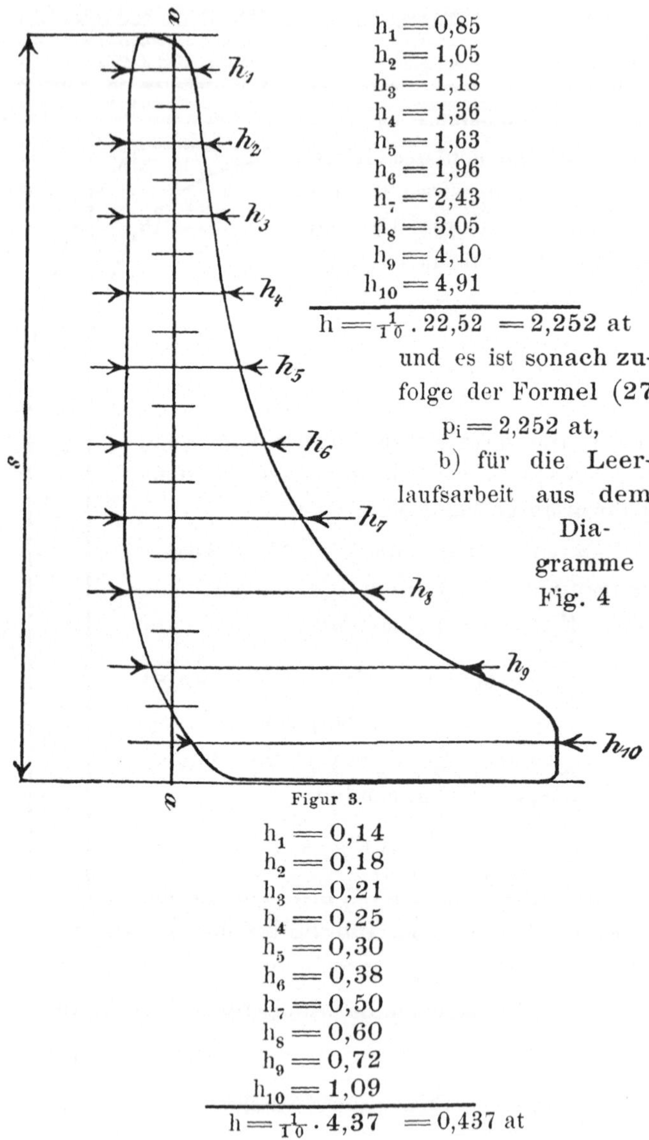

Figur 3.

$$h_1 = 0,85$$
$$h_2 = 1,05$$
$$h_3 = 1,18$$
$$h_4 = 1,36$$
$$h_5 = 1,63$$
$$h_6 = 1,96$$
$$h_7 = 2,43$$
$$h_8 = 3,05$$
$$h_9 = 4,10$$
$$h_{10} = 4,91$$

$$h = \tfrac{1}{10} \cdot 22{,}52 = 2{,}252 \text{ at}$$

und es ist sonach zufolge der Formel (27

$$p_i = 2{,}252 \text{ at,}$$

b) für die Leerlaufsarbeit aus dem Diagramme Fig. 4

$$h_1 = 0,14$$
$$h_2 = 0,18$$
$$h_3 = 0,21$$
$$h_4 = 0,25$$
$$h_5 = 0,30$$
$$h_6 = 0,38$$
$$h_7 = 0,50$$
$$h_8 = 0,60$$
$$h_9 = 0,72$$
$$h_{10} = 1,09$$

$$h = \tfrac{1}{10} \cdot 4{,}37 = 0{,}437 \text{ at}$$

und es ist sonach zufolge der Formel (28

$$p_0 = 0,437 \text{ at.}$$

Die in Betracht stehende Dampfmaschine hat folgende Dimensionen:

Kolbendurchmesser $D = 400$ mm $= 40$ cm

Kolbenhub . . . $s = 800$ mm $= 0,8$ m

Kolbenstangendurch-
messer $d = 70$ mm
$= 7$ cm
beiderseits, und es be-
trägt die minutliche
Umdrehungszahl der
Maschinenkurbel
$n = 75$.

Die Maschine ar-
beitet sohin mit einer
mittleren Kolbenge-
schwindigkeit (For-
mel 12)

$$c = \frac{n \cdot s}{30} = \frac{75 \cdot 0,8}{30}$$

$= 2$ m/Sec.

Diese Daten stim-
men mit jenen der
Maschine mit 400 mm
Kolbendurchmesser
in der Tabelle VI ge-
nau überein, und es
beträgt somit zufolge
dieser Tabelle der
Coefficient

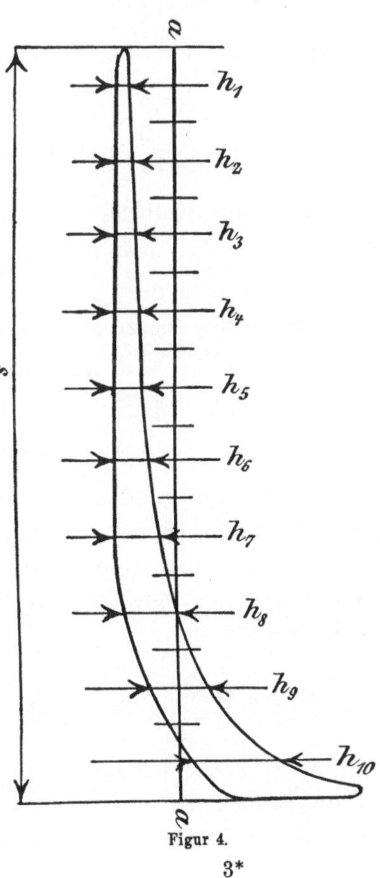

Figur 4.

$$\frac{F \cdot s \cdot n}{30 \cdot 75} = 32{,}483.$$

Nun ergibt die Substitution der zugehörigen Werte in die Formel (18 die indicierte Leistung der Dampfmaschine in Pferdestärken

$$N_i = \frac{F \cdot s \cdot n}{30 \cdot 75} \cdot p_i = 32{,}483 \cdot 2{,}252 = 73{,}2 \text{ PS}$$

und die Substitution in die Formel (19 die Leerlaufsarbeit in Pferdestärken

$$N_o = \frac{F \cdot s \cdot n}{30 \cdot 75} \cdot p_o = 32{,}483 \cdot 0{,}437 = 14{,}2 \text{ PS.}$$

Für den Kolbendurchmesser

$$D = 400 \text{ mm} = 40 \text{ cm}$$

entnimmt man der Tabelle I den Zahlenwert für den Coefficienten der zusätzlichen Reibung

$$\mu = 0{,}120,$$

und demnach ist

$$1 + \mu = 1{,}120.$$

Durch Substitution der so ermittelten Werte für N_i, N_o und $1 + \mu$ in die Formel (2 erhält man endlich die zu ermittelnde effective Leistung der Dampfmaschine oder die Leistung derselben in effectiven Pferdestärken

$$N_n = \frac{N_i - N_o}{1 + \mu} = \frac{73{,}2 - 14{,}2}{1{,}12} = \frac{59}{1{,}12} = 52{,}7 \text{ PS.}$$

Man sagt demnach, die in Betracht stehende Dampfmaschine entwickelt eine Leistung von **52,7** effectiven Pferdestärken, oder sie arbeitet mit einem

Nutzeffect von 52,7 Pferdestärken, oder die effective Leistung der Dampfmaschine beträgt 52,7 Pferdestärken.

Es lässt sich nun auch der Wirkungsgrad der in Betracht stehenden Dampfmaschine bestimmen.

Derselbe ergibt sich nach der Formel (4 und zwar

$$\eta = \frac{N_n}{N_i} = \frac{52,7}{73,2} = 0,72.$$

Berechnung der Leistung einer Dampfmaschine auf Grund eines ideellen Indicatordiagrammes.

Sind Indicatordiagramme von einer bereits im Betriebe stehenden Dampfmaschine nicht vorhanden, oder sind überhaupt nur die Dimensionen einer vorliegenden oder erst neu herzustellenden Dampfmaschine bekannt, so wird die Berechnung der Leistungsfähigkeit der Maschine auf Grund ideeller Indicatordiagramme durchgeführt.

Für die Form dieser Diagramme ist in erster Linie maſsgebend, ob es sich um eine Auspuffmaschine oder um eine Condensationsmaschine handelt.

Für eine Auspuffmaschine ist ein solches ideelles Indicatordiagramm in Fig. 5 und für eine Condensationsmaschine eines in Fig. 6 dargestellt.

Es bezeichnet in diesen beiden Indicatordiagrammen:

aa die Atmosphärenlinie
vv die Vacuumlinie
bc die Einströmungslinie
cd die Expansionslinie
de die Vorausströmungslinie
ef die Ausströmungslinie
fg die Compressionslinie
gb die Voreinströmungslinie.

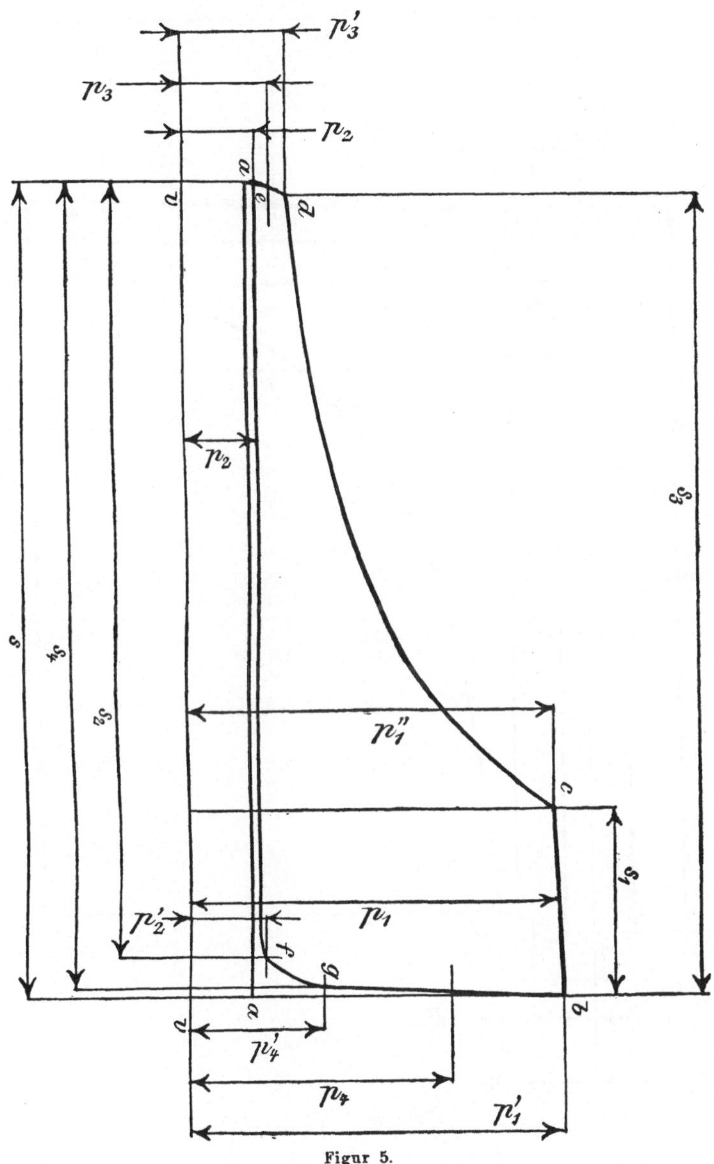

Figur 5.

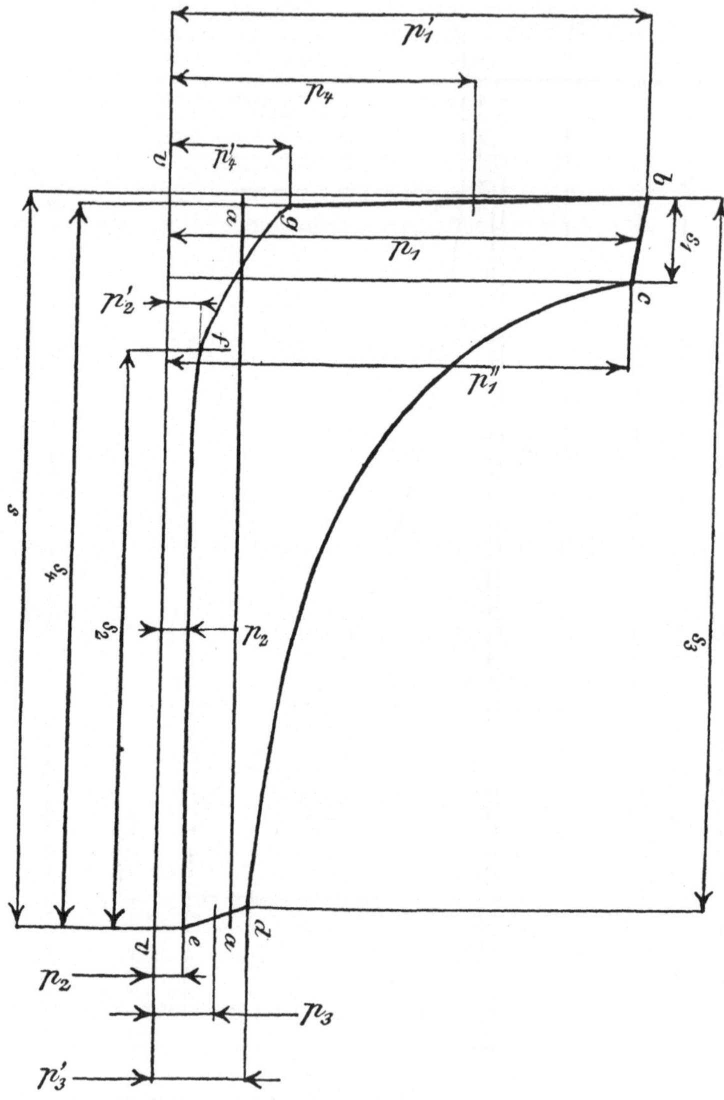

Figur 6.

Der Abstand der Atmosphärenlinie von der Vacuumlinie ist gleich der Maßeinheit einer Atmosphäre nach dem Maßstabe für die dem Diagramme zugrunde gelegte Indicatorfeder.

Nach demselben Maßstabe sind die Dampfspannungen in den Diagrammen als Ordinaten aufgetragen und zwar bezeichnet:

p_1 die mittlere absolute Admissionsdampfspannung oder die mittlere absolute Dampfspannung während der Admissionsperiode (Einströmungsperiode, Füllungsperiode), in Atmosphären,

p_1' die absolute Anfangsdampfspannung der Admissionsperiode, in Atmosphären,

p_1'' die absolute Enddampfspannung der Admissionsperiode und zugleich die absolute Anfangsdampfspannung der Expansionsperiode, in Atmosphären,

p_3' die absolute Enddampfspannung der Expansionsperiode und zugleich die absolute Anfangsdampfspannung der Vorausströmungsperiode, in Atmosphären,

p_3 die mittlere absolute Dampfspannung während der Vorausströmungsperiode, in Atmosphären,

p_2 die mittlere absolute Emissionsdampfspannung oder die Gegendampfspannung während der Emissionsperiode (Ausströmungsperiode) und zugleich die absolute Enddampfspannung der Vorausströmungsperiode, in Atmosphären,

p_2' die absolute Enddampfspannung der Emissionsperiode (Ausströmungsperiode) und zugleich Anfangsdampfspannung der Compressionsperiode, in Atmosphären,

p_4' die absolute Enddampfspannung der Compressionsperiode und zugleich die absolute Anfangsdampfspannung der Voreinströmungsperiode

p_4 die mittlere absolute Dampfspannung während der Voreinströmungsperiode, in Atmosphären.

Die auf die Länge des Indicatordiagrammes s reducierten Kolbenwege der Anfangs- und Endpunkte der einzelnen Diagrammlinien, welche bei der Berechnung der Leistung der Dampfmaschine in Betracht kommen, sind ebenfalls in beiden Diagrammen cotiert und zwar bezeichnet:

s den Kolbenhub in Meter,

s_1 den Kolbenweg während der Füllungsperiode (Admissionsperiode, Einströmungsperiode), in Meter,

s_3 den Kolbenweg vom Hubanfange bis zu Ende der Expansionsperiode, beziehungsweise bis zum Anfange der Vorausströmungsperiode, in Meter,

s_2 den Kolbenweg während der Ausströmungsperiode (Emissionsperiode), in Meter

s_4 den Kolbenweg vom Hubanfange des Kolbenrückganges bis zu Ende der Compressionsperiode, beziehungsweise bis zum Anfange der Voreinströmungsperiode, in Meter.

Die Einströmungslinie bc ist in beiden Diagrammen als eine zur Atmosphärenlinie aa etwas geneigte gerade Linie eingezeichnet, an welche sich bei c die Expansionslinie cd ganz scharf anschliesst, während das vom Indicator wirklich abgenommene Diagramm an dieser Stelle eine Abrundung aufweist, wie beispielsweise das Indicatordiagramm in Fig. 1 und jenes in Fig. 3. Ebenso ist die Vorausströmungslinie in den beiden ideellen Diagrammen (Fig. 5 und 6) als geneigte gerade Linie eingezeichnet, wogegen das wirkliche Indicatordiagramm auch dort einen abgerundeten Übergang aufweist, wofür ebenfalls die Figuren 1 und 3 Beispiele liefern.

Man erhält auf Grund des wirklichen Indicatordiagrammes den Schnittpunkt c und hiermit die annähernde Feststellung des Kolbenweges s_1 während der Füllungsperiode, wenn man in den Endpunkten des die Abrundung zwischen der Einströmungslinie und der Expansionslinie bildenden Curvenstückes die Tangenten zieht. Dieselben liefern in ihrem Schnittpunkte den in den ideellen Diagrammen mit c bezeichneten Punkt.

Je rascher der Canalschluſs zu Ende der Füllungsperiode durch das bezügliche Steuerungsorgan erfolgt, desto mehr nähert sich der Verlauf des Übergangs zwischen der Einströmungslinie und der Expansionslinie der Darstellung in den beiden ideellen Diagrammen.

In der Wirklichkeit fällt zwar der Canalschluſs für die Einströmung mit demjenigen Punkte zusammen, in welchem die genannte convexe Übungscurve in die concave Expansionslinie übergeht.

Für die Berechnung der Expansionsarbeit entspricht es jedoch besser, den Beginn der Expansion mit dem Schnittpunkte der genannten beiden Tangenten, also mit dem Punkte c in den beiden ideellen Indicatordiagrammen Fig. 5 und 6 zusammenfallend anzunehmen.

Bis zu diesem Punkte c reicht demnach der Kolbenweg s_1 während der Füllungsperiode, und hiernach wird auch der Füllungsgrad der Dampfmaschine, nämlich das Verhältnis des Kolbenweges s_1 während der Füllungsperiode zum ganzen Kolbenhube s, festgesetzt.

Die Scala für die Ablesung des jeweiligen Füllungsgrades an der Dampfmaschinensteuerung wird gewöhnlich nach Zehntel des ganzen Kolbenhubes eingetheilt und auch zumeist an der Geradführung der Maschine aufgerissen.

Man beachtet darnach insbesondere die Füllungsgrade

$$\frac{s_1}{s} = 0,1; \ 0,2; \ 0,3; \ 0,4; \ 0,5; \ 0,6; \ 0,7; \ 0,8; \ 0,9. \quad (29$$

In besonderen Fällen kommt auch noch als untere Grenze bei Steuerungen für variable Expansion der Füllungsgrad

$$\frac{s_1}{s} = 0,05 \ . \ . \ . \ . \ . \ . \quad (30$$

oder

$$\frac{s_1}{s} = \frac{1}{20} \ . \ . \ . \ . \ . \ . \quad (31$$

in Betracht.

Bei Condensationsdampfmaschinen sind auch noch weitere Unterabtheilungen des Füllungsgrades mit Rücksicht auf eine möglichst ökonomische Ausnützung des Dampfes, der Einstellung der Steuerung und der Ermittelung der Leistungsfähigkeit der Maschine zu Grunde zu legen und zwar die Füllungsgrade

$$\frac{s_1}{s} = 0,125; \ 0,15; \ 0,25 \ \text{und} \ 0,35. \ . \ . \quad (32$$

Anhaltspunkte für die bei Eincylinderdampfmaschinen in Betracht kommenden beiläufig ökonomisch günstigsten Füllungsgrade gibt die nachstehende Tabelle VII, und zwar für mittelhohe Brennstoffpreise und mittelgrofse Maschinen bei mittelhohen Maschinenpreisen und normaler wöchentlicher Arbeitszeit mit 6 vollen Arbeitstagen.

Für Dampfmaschinen elektrischer Beleuchtungsanlagen, welche täglich nur während weniger Stunden im Betriebe stehen und ähnliche Maschinen mit unterbrochener Betriebszeit bei geringer jeweiliger Betriebsdauer, kann der Füllungsgrad wesentlich höher angenommen werden, weil hierbei der Brennmaterialverbrauch im Vergleiche zu den Anlagekosten der Maschine von geringerer Bedeutung ist.

In Fällen sehr hoher Brennstoffpreise oder Tag und Nacht ununterbrochenen Betriebes oder gleichzeitigen Obwaltens dieser beiden Eventualitäten wird man den Füllungsgrad hingegen noch etwas niedriger annehmen können.

Für kleine Dampfmaschinen ist der beiläufige ökonomisch günstigste Füllungsgrad höher als für grofse.

Tabelle VII.

Beiläufige ökonomisch günstigste Füllungsgrade für mittlere Brennstoffpreise und mittelgrosse Eincylinder-Dampfmaschinen.

Mittlere absolute Admissions-Dampfspannung in Atmosphären p_1	Auspuff-Maschinen ohne Dampfmantel	Condensationsmaschinen	
		ohne	mit
		Dampfmantel	
	Füllungsgrad s_1/s		
4	0,35	0,2	0,15
5	0,3	0,15	0,125
6	0,25	0,15	0,1
8	0,2	0,125	0,1

Die kleinen Auspuffdampfmaschinen mit einfacher Schiebersteuerung arbeiten je nach der Gröfse der Schieberdimensionen und der Excentricität mit einem mittleren Füllungsgrade innerhalb der abgerundeten Grenzen

$$\frac{s_1}{s} = 0{,}7 \text{ bis } 0{,}9 \ . \ . \ . \ . \ . \ (33$$

Da es sich hierbei zumeist nur um einen möglichst niedrigen Preis der Dampfmaschine im Vergleiche zu ihrer Leistungsfähigkeit handelt, erscheint es sehr nahegelegt, dieselben als Volldruckmaschinen und demnach die Steuerung für den mittleren Füllungsgrad

$$\frac{s_1}{s} = 0{,}9 \ . \ . \ . \ . \ . \ . \ (34$$

zu dimensionieren, wobei dann der Füllungsgrad auf der einen Kolbenseite etwas über 0,9 und auf der anderen Kolbenseite etwas unter 0,9 liegt.

Dieser Anforderung entsprechen die folgenden Dimensionsformeln*) für die einfache Schiebersteuerung:

$$v = \tfrac{1}{7}a \text{ bis } \tfrac{1}{9}a \ . \ . \ . \ . \ . \ (35$$
$$e = \tfrac{1}{3}a \ . \ . \ . \ . \ . \ . \ (36$$
$$r = e + a \ . \ . \ . \ . \ . \ (37$$
$$i = \tfrac{1}{10}a \ . \ . \ . \ . \ . \ . \ (38$$

wobei die in den Formeln enthaltenen Buchstaben folgende Gröfsen bezeichnen:

a die Weite des Dampfeinströmungscanales,

v das lineare Voreilen,

---

*) Siehe Pechan, Leitfaden des Maschinenbaues, II. Abth. Motoren.

r die Excentricität des Steuerungs-Excenters,

e die äußere Überdeckung,

i die innere Überdeckung.

Aus dem für diese Verhältnisse der einfachen Schiebersteuerung gezeichneten Müller'schen Steuerungs-Diagramme*) erhält man mit Bezug auf die Cotierung in Fig. 5 die nachstehenden Kolbenwegverhältnisse als abgerundete, der Leistungsberechnung zu Grunde zu legende Werte:

$$\frac{s_1}{s} = 0{,}9 \quad \ldots \ldots \ldots \quad (39$$

$$\frac{s_2}{s} = 0{,}94 \ldots \ldots \ldots \quad (40$$

$$\frac{s_3}{s} = 0{,}97 \ldots \ldots \ldots \quad (41$$

$$\frac{s_4}{s} = 0{,}998 \ldots \ldots \ldots \quad (42$$

Es sind dies hinsichtlich der Kolbenwege s_1, s_2 und s_3 nicht die genauen Mittelwerte der bezüglichen Verhältnisse der beiden Kolbenseiten, sondern die angenähert kleineren Werte, weil sich ja diese Verhältnisse bei der praktischen Ausführung der Steuerung schon infolge der erforderlichen Dimensionsabrundung ohnedies nicht genau einhalten lassen.

Die vorstehenden Formeln (39 bis (42 sind der Berechnung der Leistung der Dampfmotoren (Klein-Dampfmaschinen) von 100 bis 220 mm Kolbendurchmesser zu Grunde gelegt und die Resultate dieser Berechnung in den Tabellen IX bis XIV zusammengestellt.

———————

*) Siehe: Pechan, Leitfaden des Maschinenbaues, II. Abth. Motoren.

Die gegenwärtig bei kleineren und mittelgroſsen stationären Eincylinder-Dampfmaschinen für den gewerblichen und Fabriks-Betrieb zumeist gebräuchlichen Doppelschiebersteuerungen für variable Expansion*), nämlich die Doppelschiebersteuerung mit plattenförmigem Expansionsschieber, die Meyer'sche Steuerung, die Guhrauer-Steuerung und die Rider-Steuerung, besitzen sämmtlich einen Verteilungsschieber und einen Expansionsschieber.

Von den Verhältnissen des Verteilungsschiebers und seines Excenters sind mit Bezug auf die Cotierung in Fig. 5 und 6, die Kolbenwege s_2, s_3 und s_4 abhängig, und es wurden auch für die Leistungsberechnung der Dampfmaschinen mit Expansions-Schiebersteuerung von 240 bis 450 mm Kolbendurchmesser die Verhältnisse nach den Formeln (40 bis (42 in die Rechnung gezogen, für welche die Rechnungsresultate in den Tabellen XV bis XXVI zusammengestellt sind.

Der gewünschte Füllungsgrad wird bei diesen Dampfmaschinen durch die entsprechende Einstellung des Expansionsschiebers erzielt und ist zumeist variabel innerhalb der Grenzen

$$\frac{s_1}{s} = 0,05 \text{ bis } 0,7 \quad . \quad . \quad . \quad . \quad . \quad (43$$

Bei den Dampfmaschinen mit Ventilsteuerung oder Präcisionsschiebersteuerung, nämlich mit Sulzer-Ventilsteuerung, Collmann-Ventilsteuerung, Hartung-Radovanovič-Steuerung, Corliss-Steuerung,

---

*) Siehe: Pechan, Leitfaden des Maschinenbaues, II. Abth. Motoren.

Frikart-Steuerung etc., welche getrennte Steuerungsorgane für die Dampfeinströmung und Dampfausströmung besitzen, wird die Dauer der Voreinströmungsperiode und der Einströmungsperiode durch die
Steuerungsorgane für die Dampfeinströmung jederseits
des Kolbens unabhängig und ebenso die Dauer der
Vorausströmungsperiode und der Ausströmungsperiode,
beziehungsweise der Beginn der Compressionsperiode
durch die Steuerungsorgane für die Dampfausströmung
eingestellt.

Der Füllungsgrad ist hierbei wieder innerhalb
gewisser durch die Steuerungsverhältnisse bedingter
Grenzen variabel und zwar zumeist innerhalb der
Grenzen

$$\frac{s_1}{s} = 0{,}05 \ \text{bis} \ \frac{s_1}{s} = 0{,}7.$$

Es läfst sich aber auch die Gröfse der Compression der in Betrieb gestellten Dampfmaschine
auf Grund des Ergebnisses der Abnahme des Indicatordiagrammes so einstellen, dafs die Dampfmaschine
mit einer ganz bestimmten, einen gewissen Verlauf
der Compressionslinie (fg Fig. 5 und 6) ergebenden
Compression arbeitet.

Für die Leistungsberechnung dieser Art von Dampfmaschinen wird also das Kolbenwegverhältniss

$$\frac{s_2}{s}$$

abhängig sein von der zu erzielenden angestrebten
absoluten Enddampfspannung der Compressionsperiode
(p_4' Fig. 5 und 6), und diese wieder wird mit der
absoluten mittleren Admissionsdampfspannung p_1 in

einem gewissen Zusammenhange stehen und höchstens gleich p_1 sein dürfen.

Die Dauer der Vorausströmung und Voreinströmung sind durch die Art der Ventilbewegung beziehungsweise der Schieberbewegung bedingt.

Im folgenden ist die Berechnung der Leistung der Dampfmaschinen mit Ventilsteuerung oder Präcisionsschiebersteuerung, deren Ergebnisse in den Tabellen XXVII bis XXXII zusammengestellt wurden, mit nachstehenden Verhältnissen durchgeführt, nämlich:

$$\frac{s_2}{s} = 0,75 \quad . \quad . \quad . \quad . \quad . \quad . \quad (44$$

$$\frac{s_3}{s} = 0,96 \quad . \quad . \quad . \quad . \quad . \quad . \quad (45$$

$$\frac{s_4}{s} = 0,998 \quad . \quad . \quad . \quad . \quad . \quad (46$$

Die mehr oder weniger geneigte Lage der Einströmungslinie (bc, Fig. 5 und 6) und der mehr oder weniger abgerundete Anschluſs derselben an die Voreinströmungslinie und Expansionslinie sind durch die gröſsere oder geringere Drosselung des in den Cylinder einströmenden Dampfes durch Querschnittsverengung bedingt.

Den folgenden Berechnungen ist der in den Figuren 5 und 6 dargestellte Verlauf der Einströmungslinie mit continuierlich abnehmender Dampfspannung während der Einströmungsperiode zu Grunde gelegt, und es ist mithin die mittlere absolute Admissionsdampfspannung p_1 gleich dem Mittelwerte der Anfangs- und Enddampfspannung $p_1{}'$ und $p_1{}''$. Hiernach lassen sich auch die beiden Dampfspannungen

p_1' und p_1'' durch p_1 ausdrücken und zwar in folgender Weise:

$$p_1' = (1 + q) \cdot p_1 \quad \cdots \quad (47$$

$$p_1'' = (1 - q) \cdot p_1 \quad \cdots \quad (48$$

wobei q ein von der Gröfse der sich durch Querschnittsverengung ergebenden Drosselung abhängiger Zahlenwert ist, welcher im folgenden der Coefficient der Dampfdrosselung genannt wird.

Für die Expansionslinie c d, Fig. 5 und 6, ist der folgenden Berechnung die gleichseitige Hyperbel zu Grunde gelegt, welche der Expansion des Dampfes nach dem einfachen Mariotte'schen Gesetze entspricht, deren Abscissenachse die Vacuumline v v in Fig. 5 und 6 darstellt.

Die Ordinatenachse dieser gleichseitigen Hyperbel liegt um die Länge des auf die Gröfse der wirksamen Kolbenfläche F reducierten schädlichen Raumes vor der den Anfang des Kolbenweges bezeichnenden Linie a b und zwar in Fig. 5 rechts von a b und in Fig. 6 links von a b.

Bezeichnet m den Coefficienten des schädlichen Raumes, so beträgt diese reducierte Länge des schädlichen Raumes die Gröfse

$$m \cdot s$$

und es sind demnach die Coordinaten des hier in Betracht stehenden Stückes c d dieser gleichseitigen Hyperbel folgende und zwar:

die Abscissen $(s_1 + m \cdot s)$ und $(s_3 + m \cdot s)$

die Ordinaten p_1'' und p_3'.

Es ist demnach die zwischen dem Hyperbelstücke c d, der Abscissenachse v v und den beiden Ordinaten p_1'' und p_3' eingeschlossene Fläche f des Indicatordiagrammes, also die Arbeitsleistung des Dampfes während der Expansionsperiode auf 1 cm^2 der wirksamen Kolbenfläche, wenn für die Dimensionen s, s_1 und s_3 die wirklichen Längen der Kolbenwege in Meter eingesetzt werden:

$$f = p_1'' \cdot (s_1 + m \cdot s) \cdot \text{lognat} \cdot \left(\frac{s_3 + m \cdot s}{s_1 + m \cdot s} \cdot \right) \qquad (49$$

Der letzte Ausdruck in der Klammer auf der rechten Seite dieser Gleichung ist der **Expansionsgrad** und wird im folgenden mit dem griechischen Buchstaben ε bezeichnet. Es ist also

$$\varepsilon = \frac{s_3 + m \cdot s}{s_1 + m \cdot s} \quad \ldots \ldots \quad (50$$

oder wenn im Zähler und Nenner mit s dividiert wird

$$\varepsilon = \frac{\dfrac{s_3}{s} + m}{\dfrac{s_1}{s} + m} \quad \ldots \ldots \quad (51$$

Ebenso ist die Compressionslinie $f g$ als ein Stück einer gleichseitigen Hyperbel mit den Ordinaten

$$p_2' \text{ und } p_4'$$

zwischen den Abscissen

$$(s - s_2 + m \cdot s) \text{ und } (s - s_4 + m \cdot s)$$

in Betracht gezogen und mithin ist das Flächenstück des Indicatordiagrammes zwischen dem Hyperbelstücke $f g$, der Abscissenachse $v v$ und den Ordinaten p_2' und p_4', also der Arbeitsaufwand während der Compressionsperiode auf 1 cm^2 der wirksamen Kolbenfläche:

$$f_1 = p'_2 \cdot (s - s_2 + m \cdot s) \cdot \text{lognat} \cdot \left(\frac{s - s_2 + m \cdot s}{s - s_4 + m \cdot s} \right) \qquad (52$$

In dieser Gleichung stellt auf der rechten Seite der letzte Ausdruck in der Klammer den **Compressions-**

grad vor, welcher mit dem griechischen Buchstaben ε mit dem Zeiger 1 also mit ε_1 bezeichnet wird.

Es ist sonach der Compressionsgrad

$$\varepsilon_1 = \frac{s - s_2 + m \cdot s}{s - s_4 + m \cdot s} \quad \ldots \ldots \quad (53$$

oder wenn wieder im Zähler und Nenner durch s dividiert wird:

$$\varepsilon_1 = \frac{1 - \dfrac{s_2}{s} + m}{1 - \dfrac{s_4}{s} + m} \quad \ldots \ldots \quad (54$$

Führt man statt der natürlichen Logarithmen die gemeinen Logarithmen ein, und hebt s als Factor aus der ersten Klammer, so erhält man für die nachfolgenden Leistungsberechnungen an Stelle der Gleichungen (49 und (52 die folgenden:

$$f = p_1'' \cdot s \cdot \left(\frac{s_1}{s} + m\right) \cdot 2{,}3026 \cdot \log \cdot \varepsilon \, . \qquad (55$$

$$f_1 = p_2' \cdot s \cdot \left(1 - \frac{s_2}{s} + m\right) \cdot 2{,}3026 \cdot \log \cdot \varepsilon_1 \, . \quad (56$$

Der Wert für die absolute Dampfspannung zu Beginn der Expansion p_1'' ist bereits durch die Formel (48 bestimmt.

Der Wert für die absolute Dampfspannung p_2' zu Beginn der Compression ist infolge der Canalverengung zu Ende der Ausströmungsperiode etwas größer als jener der mittleren absoluten Emissionsdampfspannung p_2 und zwar ist annähernd

$$p_2' = 1{,}1 \cdot p_2 \quad \ldots \ldots \quad (57$$

Es ergibt sich ferner für die gleichseitige Hyperbel c d zwischen den Ordinaten p_1'' und p_3' und den zugehörigen Abscissen $(s_1 + m \cdot s)$ und $(s_3 + m \cdot s)$ die Beziehung:

$$p_3' \cdot (s_3 + m \cdot s) = p_1'' \cdot (s_1 + m \cdot s)$$

und hieraus

$$p_3' = p_1'' \cdot \left(\frac{s_1 + m \cdot s}{s_3 + m \cdot s} \right)$$

und wenn man hierin den Ausdruck in der Klammer im Hinblicke auf die Formel (50 durch den reciproken Wert von ε ersetzt,

$$p_3' = p_1'' \cdot \frac{1}{\varepsilon} \quad \ldots \ldots \quad (58$$

Ebenso ergibt sich für die Coordinaten der Punkte f und g der gleichseitigen Hyperbel f g die Beziehung:

$$p_4' \cdot (s - s_4 + m \cdot s) = p_2' \cdot (s - s_2 + m \cdot s)$$

und hieraus

$$p_4' = p_2' \cdot \left(\frac{s - s_2 + m \cdot s}{s - s_4 + m \cdot s} \right)$$

und ferner im Hinblick auf die Formel (53

$$p_4' = p_2' \cdot \varepsilon_1 \quad \ldots \ldots \quad (59$$

Hiermit] erhält man weiter für die mittlere absolute Dampfspannung während der Vorausströmungsperiode den Wert

$$p_3 = \tfrac{1}{2} \cdot (p_2 + p_3')$$

und hieraus im Hinblick auf die Formel (58

$$p_3 = \frac{1}{2} \cdot \left(p_2 + p_1'' \cdot \frac{1}{\varepsilon} \right) \quad \ldots \ldots \quad (60$$

Für die mittlere absolute Dampfspannung während der Voreinströmungsperiode erhält man den Wert

$$p_4 = \tfrac{1}{2} \cdot (p_4' + p_1')$$

und im Hinblicke auf die Formel (59

$$p_4 = \tfrac{1}{2} \cdot (p_2' \cdot \varepsilon_1 + p_1') \quad \ldots \ldots \quad (61$$

Auf Grund der vorstehend zusammengestellten Formeln läfst sich nun die indicierte Leistung der Dampfmaschine zunächst pro Kolbenhub aus dem ideellen Indicatordiagramme Fig. 5 oder 6 berechnen, denn es ist die Fläche des Indicatordiagrammes, also die Arbeit pro $1\,cm^2$ der wirksamen Kolbenfläche zusammengesetzt aus der Fläche des mittleren Rechteckes der Einströmungsperiode

$$p_1 \cdot s_1,$$

ferner aus der Fläche zwischen der Hyperbel c d und der Abscissenachse v v, welche durch die Formel (55 dargestellt ist,

und endlich aus der mittleren Rechtecksfläche der Vorausströmungsperiode

$$p_3 \cdot (s - s_3)$$

von deren Summe die Flächen unterhalb der Linien e f g b in Abzug zu bringen sind, nämlich, das mittlere Rechteck der Ausströmungsperiode

$$p_2 \cdot s_2,$$

sodann das Flächenstück zwischen der Hyperbel f g und der Abscissenachse, welches durch die Formel (56 ausgedrückt erscheint, und endlich das mittlere Rechteck der Voreinströmungsperiode

$$p_4 \cdot (s - s_4).$$

Demnach ist die Arbeitsleistung A auf der wirksamen Kolbenfläche F in Quadratcentimeter pro Kolbenhub und zwar in Meterkilogramm ausgedrückt:

$$A = F \cdot p_1 \cdot s_1 + F \cdot p_1'' \cdot s \cdot \left(\frac{s_1}{s} + m\right) \cdot 2{,}3026 \cdot \log \cdot \varepsilon +$$

$$+ F \cdot p_3 \cdot (s - s_3) - [F \cdot p_2 \cdot s_2 +$$

$$+ F \cdot p_2' \cdot s \cdot \left(1 - \frac{s_2}{s} + m\right) \cdot 2{,}3026 \cdot \log \cdot \varepsilon_1 + F \cdot p_4 \cdot (s - s_4)] \quad (62$$

und somit die indicierte Leistung der Dampfmaschine in Pferdestärken

$$N_i = A \cdot \frac{2 \cdot n}{60 \cdot 75} = A \cdot \frac{n}{30 \cdot 75} \quad \cdot \quad \cdot \quad \cdot \quad (63$$

Wenn in diese Gleichung für A der Wert aus
jener (62 substituiert, ferner für p_1', p_1'', p_2', p_3 und
p_4 ihre Werte eingesetzt und zugleich das Product

$$\frac{F \cdot s \cdot n}{30 \cdot 75}$$

herausgehoben wird, so erhält man weiter

$$N_i = \frac{F \cdot s \cdot n}{30 \cdot 75} \cdot \left\{ p_1 \cdot \frac{s_1}{s} + (1-q) \cdot p_1 \cdot \left(\frac{s_1}{s} + m \right) \cdot 2{,}3026 \cdot \log \cdot \varepsilon + \right.$$

$$+ \frac{1}{2} [p_2 + (1-q) \cdot p_1 \cdot \frac{1}{\varepsilon}] \cdot \left(1 - \frac{s_3}{s} \right) -$$

$$- \left[p_2 \cdot \frac{s_2}{s} + 1{,}1 \cdot p_2 \cdot \left(1 - \frac{s_2}{s} + m \right) \cdot 2{,}3026 \cdot \log \varepsilon_1 + \right.$$

$$\left. \left. + \frac{1}{2} \cdot [1{,}1 \cdot p_2 \cdot \varepsilon_1 + (1+q) \cdot p_1] \cdot \left(1 - \frac{s_4}{s} \right) \right] \right\} \quad \cdot \quad (64$$

Im Hinblicke auf die Formel (18 stellt der in der
geschlungenen Klammer der Gleichung (64 stehende
Ausdruck die aus dem ideellen Indicatordiagramme
berechnete mittlere indicierte Spannung p_i vor, und
es ist sonach, mit gleichzeitiger Ausführung einer
anderen Ordnung der einzelnen Glieder der Wert der
mittleren indicierten Spannung

$$p_i = \left[\frac{s_1}{s} + (1-q) \cdot \left(\frac{s_1}{s} + m \right) \cdot 2{,}3026 \cdot \log \varepsilon + \right.$$

$$+ \frac{1}{2 \cdot \varepsilon} \cdot (1-q) \cdot \left(1 - \frac{s_3}{s} \right) \right] \cdot p_1 + \tfrac{1}{2} \cdot \left(1 - \frac{s_3}{s} \right) \cdot p_2 -$$

$$- \left\{ \left[\frac{s_2}{s} + 1{,}1 \cdot \left(1 - \frac{s_2}{s} + m \right) \cdot 2{,}3026 \cdot \log \varepsilon_1 + \right. \right.$$

$$+ 0{,}55 \cdot \varepsilon_1 \cdot \left(1 - \frac{s_4}{s} \right) \right] \cdot p_2 + \tfrac{1}{2} \cdot (1+q) \cdot \left(1 - \frac{s_4}{s} \right) \cdot p_1 \right\} (65$$

In dieser Gleichung stellt der positive Theil die mit p_w zu bezeichnende mittlere wirksame Dampfspannung und der negative Theil die mit p_e zu bezeichnende mittlere entgegengesetzte Dampfspannung vor.

Es ist sonach für die einfachere Rechnung getrennt dargestellt

$$p_w = \left[\frac{s_1}{s} + (1-q)\cdot\left(\frac{s_1}{s}+m\right).\,2{,}3026\,.\,\log\varepsilon + \right.$$
$$\left. + \frac{1}{2\varepsilon}\cdot(1-q)\cdot\left(1-\frac{s_3}{s}\right)\right]\cdot p_1 + \tfrac{1}{2}\cdot\left(1-\frac{s_3}{s}\right)\cdot p_2 \qquad (66$$

$$p_e = \left[\frac{s_2}{s} + 1{,}1\cdot\left(1-\frac{s_2}{s}+m\right).\,2{,}3026\,.\,\log\varepsilon_1 + \right.$$
$$\left. + 0{,}55\cdot\varepsilon_1\cdot\left(1-\frac{s_4}{s}\right)\right]\cdot p_2 + \tfrac{1}{2}\cdot(1+q)\cdot\left(1-\frac{s_4}{s}\right)\cdot p_1 \qquad (67$$

und hiermit die mittlere indicierte Spannung

$$p_i = p_w - p_e \quad . \quad . \quad . \quad . \quad . \quad (68$$

und sonach die indicierte Leistung in Pferdestärken N_i wieder nach der Formel (18 zu berechnen.

Bezüglich der mittleren absoluten Admissionsdampfspannung p_1 bietet die Tabelle II die nöthigen Anhaltspunkte.

Die mittlere absolute Emissionsdampfspannung p_2 ist zufolge der Formeln (6 bis (8 bei Auspuffmaschinen annähernd um eine Atmosphäre grösser als bei Condensationsmaschinen und wächst bei einer und derselben Dampfmaschine mit zunehmendem Füllungsgrade.

Bei der folgenden Berechnung sind hiefür nachstehende Werte benützt, nämlich:

a) bei Auspuffmaschinen für die kleineren Füllungsgrade bis zu $\dfrac{s_1}{s} = 0,3$

$$p_2 = 1,15 \text{ at} \quad . \quad . \quad . \quad . \quad . \quad (69$$

b) bei Auspuffmaschinen für die größeren Füllungs-grade über $\dfrac{s_1}{s} = 0,3$

$$p_2 = 1,2 \text{ at} \quad . \quad . \quad . \quad . \quad . \quad (70$$

c) bei Condensationsmaschinen für die kleineren Füllungsgrade bis zu $\dfrac{s_1}{s} = 0,3$

$$p_2 = 0,22 \text{ at} \quad . \quad . \quad . \quad . \quad . \quad (71$$

d) bei Condensationsmaschinen für die größeren Füllungsgrade über $\dfrac{s_1}{s} = 0,3$

$$p_2 = 0,3 \text{ at} \quad . \quad . \quad . \quad . \quad . \quad (72$$

Dabei ist zu berücksichtigen, daß unter besonderen Umständen infolge der etwa durch Vorwärmer etc. eintretenden Drosselung der Ausströmung oder unzureichende Wassermenge zur Condensation etc., die absolute mittlere Emissionsdampfspannung auch noch höher steigen kann, als in den vorstehenden Formeln (69 bis (72 angegeben ist, bei niedrigeren Füllungsgraden oder sonst besonders günstigen Verhältnissen aber auch niedriger ausfallen kann.

Für die Berechnung der Leerlaufsarbeit einer Dampfmaschine ohne Zuhilfenahme eines Leerlaufs-Diagrammes, weil eben ein solches von der in Betracht stehenden, vielleicht auch erst auszuführenden Maschine, noch gar nicht mittels des Indicators abgenommen werden konnte, geben die nachstehenden, von Hrábak angegebenen und in der hier benützten

Schreibweise den im Vorstehenden eingeführten Bezeichnungen angepaßsten empirischen Formeln, mit den praktischen Erfahrungsresultaten sehr gut übereinstimmende Werte für die Leerlaufsspannung, nämlich:

a) für Auspuffmaschinen

$$p_0 = 0{,}042 \cdot \sqrt{p_a} + \frac{2{,}5}{D} \quad \ldots \quad \ldots \quad (73$$

b) für Condensationsmaschinen

$$p_0 = 0{,}025 + 0{,}05 \cdot \sqrt{p_a} + \frac{4{,}5}{D} \cdot \quad \ldots \quad (74$$

in welche die maximale absolute Admissionsdampfspannung p_a, für welche die Dampfmaschine dimensioniert ist, gleich der maximalen absoluten Dampfspannung im Dampfkessel in Atmosphären (Tabelle II) und der Kolbendurchmesser D der Dampfmaschine in Centimeter einzusetzen ist und p_0 die mittlere Leerlaufsspannung in Atmosphären bezeichnet.

Ist hiernach die mittlere Leerlaufsspannung p_0 berechnet, so ergibt die Formel (19 die entsprechende Leerlaufsarbeit N_0 der Dampfmaschine in Pferdestärken.

Mit den so berechneten Werten für die indicierte Leistung N_i und die Leerlaufsarbeit N_0 erhält man sodann mittels der Formel (2 die effective Leistung N_n der Maschine und durch Substitution der Werte N_n und N_i in die Formel (4 auch den Wirkungsgrad η derselben.

Berechnung der Leistung
von Auspuff-Dampfmaschinen mit einfacher Schiebersteuerung, ohne Dampfmantel.

Die kleinen Dampfmaschinen mit einfacher Schiebersteuerung werden gewöhnlich als Auspuffmaschinen ohne Dampfmantel ausgeführt. Die Hauptdimensionen derselben liegen gewöhnlich innerhalb der Grenzen der in der Tabelle IV zusammengestellten Dampfmotoren (Klein-Dampfmaschinen) von 100 bis 220 mm Kolbendurchmesser und ferner haben dieselben einseitige Kolbenstangen.

Passende Verhältnisse für die hierbei angewendete einfache Schiebersteuerung liefern die Formeln (34 bis (42, welche bei den nachstehenden Leistungsberechnungen in Anwendung gebracht sind.

Für die Berechnung der indicierten Leistung in Pferdestärken dienen die Formeln (66 bis (68.

Hierin ist der Zahlenwert für die mittlere absolute Admissionsdampfspannung p_1 nach der maximalen zulässigen Dampfspannung des zur Maschine gehörigen Dampfkessels zu bemessen, wozu die Tabelle II die nöthigen Anhaltspunkte liefert.

Diese Kessel sind entweder Zwergkessel mit einer maximalen Dampfspannung von 4 at Überdruck oder Kleinkessel, deren Dampfdruck 6 at Überdruck nicht übersteigt, seltener Grofsdampfkessel mit 6,5 at Überdruck.

Bei Anwendung der ersteren kann zufolge der Tabelle II die mittlere absolute Admissionsdampfspannung

$$p_1 = 3,5 \text{ bis } 4 \text{ at}$$

betragen, bei letzteren innerhalb der Grenzen von 4,5 bis 6,5 at Überdruck im Kessel

$$p_1 = 4 \text{ bis } 6 \text{ at,}$$

wobei zu beachten ist, daſs p_1 infolge der Dampfdrosselung durch die schleichende Schieberbewegung im Allgemeinen höchstens den Mittelwert der Angaben nach der Tabelle II erreichen, zumeist aber noch etwas gegen den niedrigeren der beiden angegebenen Grenzwerte hin liegen wird.

Für die innerhalb dieser Grenzen liegenden Werte von p_1 sind im folgenden die Werte von p_w, p_e und p_i für den Füllungsgrad

$$\frac{s_1}{s} = 0,9$$

und die nachstehend angegebenen für solche Maschinen in die Rechnung zu stellenden übrigen Verhältnisse berechnet, und zwar für:

$$\frac{s_2}{s} = 0,94$$

$$\frac{s_3}{s} = 0,97$$

$$\frac{s_4}{s} = 0,998$$

$$q = 0,1$$

$$m = 0,04$$

$$\varepsilon = 1,075$$

$$\varepsilon_1 = 2,381$$

$$\log \varepsilon = 0{,}03140$$
$$\log \varepsilon_1 = 0{,}37676$$
$$2{,}3026 \cdot \log \varepsilon = 0{,}0723$$
$$2{,}3026 \cdot \log \varepsilon_1 = 0{,}8675$$
$$p_2 = 1{,}2 \text{ at.}$$

Dazu sei noch bemerkt, daſs zwar der schädliche Raum bei Auspuffmaschinen in der Regel viel gröſser ist und auch sein darf, als der vorstehend angegebenen Gröſse m entspricht, daſs jedoch die Expansionslinie und Compressionslinie zufolge der Indicatordiagramme bei Einsetzung der Gröſse der Coefficienten des schädlichen Raumes mit

$$m = 0{,}04$$

am besten mit der hiernach eingezeichneten Mariotte'-schen Linie (gleichseitigen Hyperbel) übereinstimmt.

Mit diesen Werten erhält man nach der Formel (66 die mittlere wirksame Dampfspannung

$$p_w = 0{,}9737 \cdot p_1 + 0{,}0180 \quad \cdot \quad \cdot \quad \cdot \quad (75$$

und nach der Formel (67 die mittlere entgegengesetzte Dampfspannung

$$p_e = 0{,}0011 \cdot p_1 + 1{,}2457 \quad \cdot \quad \cdot \quad \cdot \quad (76$$

Durch Substitution der in der Tabelle VIII enthaltenen Werte von p_1 wurden aus diesen beiden Formeln (75 und (76 die zugehörigen Werte für p_w, p_e und p_i berechnet und ebenfalls in der Tabelle VIII zusammengestellt.

Übrigens kann man die Formeln (75 und (76 auch dazu benützen, um eventuell für einen anderen Wert von p_1 die mittleren Spannungen p_w und p_e zu berechnen.

Tabelle VIII.

Mittlere Dampfspannungen p_w, p_e, und p_i in Atmosphären, für
kleine Volldruckmaschinen (Auspuffmaschinen ohne Dampfmantel),
mit einfacher Schiebersteuerung.

$p_1 =$	3,5	4	4,5	5	5,5	6
$p_w =$	3,426	3,913	4,400	4,887	5,373	5,860
$p_e =$	1,250	1,250	1,251	1,251	1,252	1,252
$p_i =$	2,176	2,663	3,149	3,636	4,121	4,608

Mit den wie vorstehend berechneten Werten der
mittleren indicierten Spannung p_i läfst sich nun die
indicierte Leistung N_i der betreffenden Dampfmaschine
nach der Formel (18 berechnen.

Beispielsweise ergibt sich für eine Auspuffmaschine
mit den Dimensionen

$D = 150\,\text{mm} = 15\,\text{cm} = $ Kolbendurchmesser

$s = 300\,\text{mm} = 0,3\,\text{m} = $ Kolbenhub

$n = 125 = $ minutliche Umdrehungszahl

$d = 28\,\text{mm} = 2,8\,\text{cm} = $ Kolbenstangendurchmesser,

wie sie in der Tabelle IV als zusammengehörig angegeben sind, mit einseitiger Kolbenstange die wirksame Kolbenfläche

$$F = 173,6\ \text{cm}^2$$

und somit der Coefficient der Formel (18

$$\frac{F \cdot s \cdot n}{30 \cdot 75} = 2,893.$$

Beträgt nun die maximale zulässige Kesselspannung
6 Atmosphären Überdruck und befindet sich die Dampfmaschine in der Nähe des Kessels, sind ferner die
Rohrleitungen genügend weit, sodafs kein zu grofser

Spannungsabfall zwischen dem Dampfkessel und der Dampfmaschine zu befürchten ist, so kann man der Tabelle II den Mittelwert für die mittlere absolute Admissionsspannung entnehmen, und zwar liegt dieser für die maximale zulässige Dampfspannung von 6 Atmosphären Überdruck im Kessel zwischen

$$p_1 = 5 \text{ at} \quad \text{und} \quad p_1 = 6 \text{ at,}$$

er beträgt somit

$$p_1 = 5,5 \text{ at.}$$

Für diese Gröfse der mittleren absoluten Admissionsdampfspannung entnimmt man nun der Tabelle VIII die mittlere indicierte Spannung

$$p_i = 4,121.$$

Es ergibt nun die Formel (18 die indicierte Leistung dieser Dampfmaschine in Pferdestärken, nämlich

$$N_i = \frac{F . s . n}{30 . 75} \cdot p_i = 2,893 . 4,121 = 11,922 \text{ PS.}$$

Für die Berechnung der Leerlaufsarbeit dieser Dampfmaschine ergibt zunächst die Formel (73 die mittlere Leerlaufsspannung, nämlich

$$p_0 = 0,042 . \sqrt{p_a} + \frac{2,5}{D}$$

in welche zufolge der Tabelle II für die maximale zulässige Dampfspannung im Dampfkessel von 6 Atmosphären Überdruck

$$p_a = 7 \text{ at}$$

und für die in Betracht stehende Maschine

$$D = 15 \text{ cm}$$

einzusetzen ist.

Hiermit wird

$$p_0 = 0{,}042 \cdot \sqrt{7} + \frac{2{,}5}{15} = 0{,}278$$

und weil wie vorstehend berechnet wurde

$$\frac{F \cdot s \cdot n}{30 \cdot 75} = 2{,}893$$

ist, so ergibt die Formel (19 die Leerlaufsarbei

$$N_0 = \frac{F \cdot s \cdot n}{30 \cdot 75} \cdot p_0 = 2{,}893 \cdot 0{,}278 = 0{,}804 \; \text{PS}.$$

Um nach der Formel (2 die effective Leistung oder den Nutzeffect der Dampfmaschine berechnen zu können, entnimmt man aus der Tabelle I für den Kolbendurchmesser $D = 15$ cm den Coefficienten

$$1 + \mu = 1{,}160$$

und aus der vorstehenden Rechnung

$$N_i = 11{,}922 \; \text{PS}$$
$$N_0 = 0{,}804 \; \text{PS}$$

und erhält hiermit nach der Formel (2

$$N_n = \frac{N_i - N_0}{1 + \mu} = \frac{11{,}922 - 0{,}804}{1{,}16} = 9{,}585 \; \text{PS}.$$

Mit diesen Werten von N_n und N_i ergibt die Formel (4 den Wirkungsgrad der in Betracht stehenden Dampfmaschine, nämlich

$$\eta = \frac{N_n}{N_i} = \frac{9{,}585}{11{,}922} = 0{,}804.$$

Würde hingegen die maximale zulässige Dampfspannung im Dampfkessel nur mit 5,5 at Überdruck vorausgesetzt sein, so würde zufolge der Tabelle II für die Dampfmaschinen-Dimensionen zu nehmen sein

$$p_a = 6{,}5 \; \text{at}$$

und es ergibt sich dann aus der Formel (73 die Leerlaufsspannung

$$p_0 = 0,042 \cdot \sqrt{p_a} + \frac{2,5}{D} = 0,042 \cdot \sqrt{6,5} + \frac{2,5}{15} = 0,274$$

es wird somit

$$N_0 = 2,893 \cdot 0,274 = 0,793\,\mathrm{PS}$$

und ferner

$$N_n = \frac{11,922 - 0,793}{1,16} = 9,594\,\mathrm{PS}$$

endlich der Wirkungsgrad

$$\eta = \frac{N_n}{N_i} = \frac{9,594}{11,922} = 0,805.$$

In der gleichen Weise wurde vom Verfasser die indicierte Leistung, die Leerlaufsspannung, die Leerlaufsarbeit, die effective Leistung und der Wirkungsgrad für alle Dampfmaschinen mit den in der Tabelle IV angegebenen Dimensionen auf 3 Decimalstellen berechnet. Das Ergebnis dieser Berechnungen ist in den nachstehenden Tabellen IX bis XIII zusammengestellt, in welche mit Bezug auf die Tabelle IV nur die Hauptdimensionen der betreffenden Maschine nochmals eingestellt erscheinen.

Die effectiven Leistungen sind für $p_1 = 3,5$ und 4 at mit dem $p_a = 5$ at entsprechenden Werte von p_0 und N_0 (Tabelle X und XI) berechnet, ferner jene für $p_1 = 4,5$; 5; 5,5 und 6 at beziehungsweise für $p_a = 5,5$; 6; 6,5 und 7 at.

In der Praxis ist es gewöhnlich gebräuchlich, die effective Leistung einer Dampfmaschine durch eine ganze Zahl von Pferdestärken auszudrücken. Dieser

Anforderung entsprechend sind in der Tabelle XIV die Werte von N_n auf ganze Zahlen und zwar im Hinblick auf die Tabelle XII auf die nächst kleineren und nur über 0,9 auf die nächst gröfseren ganzen Zahlen abgerundet.

Die Angaben der Tabelle XIV werden sich auch bei der Schätzung der Leistung vorliegender Dampfmaschinen in der Praxis recht nützlich erweisen.

Bei solchen Schätzungen wird man die mittlere absolute Admissionsdampfspannung p_1 für die jeweilige maximale zulässige Dampfspannung im Dampfkessel in Atmosphären Überdruck, nach den hiefür in der Tabelle II enthaltenen Anhaltspunkten, schätzungsweise anzunehmen haben.

Je nach den bei dieser Schätzung obwaltenden Verhältnissen wird man hierbei die Gröfse der mittleren absoluten Admissionsdampfspannung der Rubrik „unter ungünstigen Umständen" oder jener „unter günstigen Umständen zu entnehmen" haben.

Dabei darf nicht übersehen werden, dass die mittlere absolute Admissionsdampfspannung im Falle grosser Entfernung des Kessels von der Maschine, unzweckmässiger Anordnung der Dampfleitung vom Kessel zur Dampfmaschine, oder zu kleiner lichter Durchmesser der Dampfleitungsrohre, im Verhältnisse zur Kesselspannung auch noch· kleiner ausfallen kann als in der Tabelle II in der Rubrik „unter ungünstigen Umständen" angegeben ist.

Tabelle IX.

Indicierte Leistung N_i in Pferdestärken, der kleinen Volldruck-Auspuff-Dampfmaschinen ohne Dampfmantel (Dampfmotoren, Klein-Dampfmaschinen), mit einfacher Schiebersteuerung, mit den in der Tabelle IV angegebenen Hauptdimensionen.

$$\text{Füllungsgrad } \frac{s_1}{s} = 0{,}9.$$

Kolbendurchmesser	Kolbenhub	Minutliche Umdrehungszahl	Mittlere absolute Admissionsdampfspannung p_1 in Atmosphären					
			3,5	4	4,5	5	5,5	6
mm	mm		Indicierte Leistung N_i in Pferdestärken					
100	200	160	2,383	2,916	3,448	3,981	4,513	5,046
110	220	150	2,968	3,632	4,295	4,960	5,621	6,285
120	240	140	3,608	4,415	5,221	6,028	6,833	7,640
130	260	135	4,424	5,414	6,402	7,392	8,378	9,368
140	280	130	5,327	6,519	7,709	8,901	10,088	11,280
150	300	125	6,295	7,704	9,110	10,519	11,922	13,331
160	320	120	7,346	8,990	10,631	12,275	13,913	15,557
180	360	110	9,581	11,725	13,865	16,009	18,145	20,089
200	400	100	11,968	14,647	17,320	19,998	22,666	25,344
220	440	95	15,114	18,497	21,873	25,256	28,624	32,007

Tabelle X.

Mittlere Leerlaufspannung p_0 in Atmosphären, für die Auspuffmaschinen von 100 bis 220 mm Kolbendurchmesser.

Kolbendurchmesser der Dampfmaschine		Maximale zulässige absolute Admissionsdampfspannung p_a. für welche d. Festigkeitsdimensionen berechnet sind, i. Atmosphären				
		5	5,5	6	6,5	7
mm	cm	Mittlere Leerlaufsspannung p_0 in Atmosphären				
100	10	0,344	0,349	0,353	0,357	0,361
110	11	0,321	0,326	0,330	0,334	0,338
120	12	0,302	0,307	0,311	0,315	0,319
130	13	0,286	0,291	0,295	0,299	0,303
140	14	0,273	0,277	0,282	0,286	0,290
150	15	0,261	0,265	0,270	0,274	0,278
160	16	0,250	0,255	0,259	0,263	0,267
180	18	0,233	0,237	0,242	0,246	0,250
200	20	0,219	0,224	0,228	0,232	0,236
220	22	0,208	0,212	0,217	0,221	0,225

Tabelle XI.

Leerlaufsarbeit N_0 in Pferdestärken für die Auspuffmaschinen mit den in der Tabelle IV angegebenen Hauptdimensionen.

Kolbendurchmesser	Kolbenhub	Minutliche Umdrehungszahl	Maximale zulässige Dampfspannung im Dampfkessel in Atmosphären Überdruck				
			4	4,5	5	5,5	6
			Mittlere absolute Admissionsdampfspannung p_1 in Atmosphären				
			3,5 bis 4	4 bis 4,5	4,5 bis 5	5 bis 5,5	5 bis 6
			Maximale zulässige absolute Admissionsdampfspannung p_a, für welche die Festigkeitsdimensionen zu berechnen sind, in Atmosphären				
			5	5,5	6	6,5	7
mm	mm		Leerlaufsarbeit N_0 in Pferdestärken				
100	200	160	0,377	0,382	0,387	0,391	0,395
110	220	150	0,438	0,445	0,450	0,456	0,461
120	240	140	0,501	0,509	0,516	0,522	0,529
130	260	135	0,581	0,592	0,600	0,608	0,616
140	280	130	0,668	0,678	0,690	0,700	0,710
150	300	125	0,755	0,767	0,783	0,793	0,804
160	320	120	0,844	0,861	0,874	0,888	0,901
180	360	110	1,026	1,044	1,066	1,083	1,101
200	400	100	1,205	1,232	1,254	1,276	1,298
220	440	95	1,445	1,472	1,507	1,535	1,563

Die Tabellen IX bis XIV ermöglichen auch in sehr einfacher Weise die Ermittelung der Leistung einer Dampfmaschine mit gleicher wirksamer Kolbenfläche bei gleichem Kolbendurchmesser, jedoch mit k mal so grossem Kolbenhube und k_1 mal so grosser minutlicher Umdrehungszahl.

Man hat die betreffenden Tabellenwerte für die Leistung nur mit dem Producte $(k \cdot k_1)$ zu multiplicieren, um sofort die gesuchte Leistung der in Betracht stehenden Maschine zu erhalten.

Bei unveränderter minutlicher Umdrehungszahl ist $k_1 = 1$ und ebenso bei unverändertem Kolbenhube $k = 1$.

Tabelle XII.

Effective Leistung (Nutzeffect) N_n in Pferdestärken, der kleinen Volldruck-Auspuffdampfmaschinen ohne Dampfmantel (Dampfmotoren, Klein-Dampfmaschinen), mit einfacher Schiebersteuerung, mit den in der Tabelle IV angegebenen Hauptdimensionen.

Füllungsgrad $\dfrac{s_1}{s} = 0{,}9$.

Kolbendurchmesser	Kolbenhub	Minutliche Umdrehungszahl	Mittlere absolute Admissionsdampfspannung p_1 in Atmosphären					
			3,5	4	4,5	5	5,5	6
mm	mm		Effective Leistung (Nutzeffect) N_n in Pferdestärken					
100	200	160	1,713	2,168	2,618	3,069	3,520	3,972
110	220	150	2,164	2,732	3,293	3,858	4,418	4,982
120	240	140	2,662	3,354	4,038	4,723	5,408	6,093
130	260	135	3,301	4,152	4,991	5,835	6,675	7,519
140	280	130	4,009	5,035	6,050	7,066	8,079	9,096
150	300	125	4,776	5,990	7,192	8,393	9,594	10,798
160	320	120	5,615	7,034	8,437	9,845	11,248	12,656
180	360	110	7,412	9,271	11,110	12,949	14,785	16,454
200	400	100	9,359	11,688	13,989	16,299	18,600	20,909
220	440	95	11,928	14,879	17,802	20,723	23,638	26,565

Tabelle XIII.

Wirkungsgrad η der kleinen Volldruck-Auspuffmaschinen ohne Dampfmantel (Dampfmotoren, Klein-Dampfmaschinen), mit einfacher Schiebersteuerung, mit den in der Tabelle IV angegebenen Hauptdimensionen.
Füllungsgrad $s_1/s = 0{,}9$.

Kolbendurchmesser	Kolbenhub	Minutliche Umdrehungszahl	Mittlere absolute Admissionsdampfspannung p_1 in Atmosphären					
			3,5	4	4,5	5	5,5	6
mm	mm		Wirkungsgrad η					
100	200	160	0,719	0,743	0,759	0,771	0,779	0,787
110	220	150	0,729	0,752	0,767	0,778	0,786	0,792
120	240	140	0,738	0,759	0,773	0,783	0,791	0,797
130	260	135	0,746	0,767	0,779	0,789	0,797	0,802
140	280	130	0,752	0,772	0,785	0,794	0,801	0,806
150	300	125	0,759	0,778	0,789	0,798	0,805	0,810
160	320	120	0,764	0,783	0,793	0,802	0,808	0,814
180	360	110	0,774	0,791	0,801	0,809	0,815	0,819
200	400	100	0,782	0,798	0,808	0,815	0,821	0,825
220	440	95	0,789	0,804	0,814	0,821	0,826	0,830

Tabelle XIV.

Effective Leistung (Nutzeffect) N_n in Pferdestärken, der kleinen Volldruck -Auspuffdampfmaschinen ohne Dampfmantel (Dampfmotoren, Klein-Dampfmaschinen), mit einfacher Schiebersteuerung, mit den in der Tabelle IV angegebenen Hauptdimensionen, dem unmittelbaren Gebrauche in der Praxis entsprechend auf ganze Zahlen abgerundet.

Füllungsgrad $s_1/s = 0{,}9$.

Kolbendurchmesser mm	Kolbenhub mm	Minutliche Umdrehungszahl	Mittlere absolute Admissionsdampfspannung p_1 in Atmosphären					
			3,5	4	4,5	5	5,5	6
			Effective Leistung (Nutzeffect) N_n in Pferdestärken					
100	200	160	1	2	2	3	3	4
110	220	150	2	2	3	3	4	5
120	240	140	2	3	4	4	5	6
130	260	135	3	4	5	5	6	7
140	280	130	4	5	6	7	8	9
150	300	125	4	6	7	8	9	10
160	320	120	5	7	8	9	11	12
180	360	110	7	9	11	13	14	16
200	400	100	9	11	14	16	18	21
220	440	95	12	14	17	20	23	26

Nachstehende Beispiele dienen zur Erläuterung des bezüglichen Vorganges.

Ein Motor für das Kleingewerbe erhält 120 mm Kolbendurchmesser, 210 mm Kolbenhub, einseitige Kolbenstange von 23 mm Durchmesser und soll mit 210 Umdrehungen in der Minute laufen. Den Dampf liefert ein Zwergkessel mit einer maximalen zulässigen Dampfspannung von 4 at Überdruck. Zufolge der Tabelle II wird die mittlere absolute Admissionsdampfspannung der gröfseren Sicherheit wegen mit

$p_1 = 3{,}5$ at

für die Leistungsberechnung angenommen.

Es ist hiernach mit Rücksicht auf die der Leistungsberechnung zu Grunde gelegte Tabelle IV, die gleiche wirksame Kolbenfläche vorhanden, wie bei der Maschine mit 120 mm Kolbendurchmesser, 240 mm Kolbenhub und 140 minutlichen Kurbelumdrehungen, für welche die indicierte Leistung in der Tabelle IX mit

$$N_i = 3,608 \ PS$$

und der Nutzeffect in der Tabelle XII mit

$$N_n = 2,662 \ PS$$

angegeben erscheint.

Die geänderten Verhältnisse ergeben nun den Coefficienten für den geänderten Kolbenhub

$$k = 210 : 240 = 0,875$$

und den Coefficienten für die geänderte minutliche Umdrehungszahl

$$k_1 = 210 : 140 = 1,5 \, ,$$

und es beträgt somit das Produkt

$$k \cdot k_1 = 0,875 \cdot 1,5 = 1,3125$$

oder für den in Betracht stehenden Zweck praktisch genügend genau abgerundet

$$k \cdot k_1 = 1,31.$$

Man erhält sonach für die Maschine mit den abgeänderten Dimensionen die indicierte Leistung

$$N_i = 1,31 \cdot 3,608 = 4,726 \ PS,$$

oder im Hinblick auf die möglicher Weise noch etwas höhere Admissionsdampfspannung knapp nach oben abgerundet

$$N_i = 4,75 \ PS.$$

Ebenso ergibt sich für diese Maschine der Nutzeffect

$$N_n = 1,31 \cdot 2,662 = 3,487$$

oder ebenfalls sehr knapp nach oben abgerundet

$$N_n = 3,5 \ PS.$$

Soll hingegen eine Auspuffdampfmaschine ohne

Dampfmantel, mit einfacher Schiebersteuerung und einseitiger Kolbenstange den gleichen Kolbendurchmesser, ebenso den gleichen Kolbenstangendurchmesser und die gleiche minutliche Umdrehungszahl erhalten, wie die in den Tabellen IX bis XIV behandelte Maschine von 200 mm Kolbendurchmesser, jedoch der Kolbenhub statt 400 mm nur 360 mm betragen, so ist der Coefficient für den geänderten Kolbenhub

$$k = 360 : 400 = 0,9$$

und mithin die indicierte Leistung bei der mittleren absoluten Admissionsdampfspannung

$$p_1 = 4,5 \text{ at}$$
$$N_i = 0,9 \cdot 17{,}320 = 15{,}588 \text{ PS}$$

oder abgerundet

$$N_i = 15,6 \text{ PS,}$$

und ferner die effective Leistung oder der Nutzeffect

$$N_n = 0,9 \cdot 13{,}989 = 12{,}590 \text{ PS,}$$

oder ebenfalls abgerundet

$$N_n = 12,6 \text{ PS.}$$

Wird endlich eine Maschine von gleichen Dimensionen mit einer größeren Umdrehungszahl in Betrieb gesetzt, also beispielsweise die Maschine von 150 mm Kolbendurchmesser nach den Tabellen IX und XII mit 250 minutlichen Umdrehungen statt mit 125, so ist der Coefficient für die geänderte Umdrehungszahl

$$k_1 = 250 : 125 = 2$$

und man erhält hierfür die indicierte Leistung unter Voraussetzung einer mittleren absoluten Admissionsdampfspannung $p_1 = 5,5$ at

$$N_i = 2 \cdot 11{,}922 = 23{,}844 \text{ PS}$$

und die effective Leistung oder den Nutzeffect
$$N_n = 2 \cdot 9{,}594 = 19{,}188 \text{ PS},$$
oder auf eine ganze Zahl abgerundet
$$N_n = 19 \text{ PS}.$$
Der Vergleich der Leistungen derselben Dampfmaschine bei den verschiedenen in den Tabellen enthaltenen Werten der mittleren absoluten Admissionsdampfspannungen, insbesondere in der sehr leicht
übersichtlichen Tabelle XIV, im Zusammenhalte mit
den Angaben der Tabelle II, liefert überdies sehr
schätzenswerte Anhaltspunkte hinsichtlich des ganz
bedeutenden Einflusses der Höhe der maximalen zulässigen Dampfspannung des zum Dampfmaschinen-
betriebe verwendeten oder zu verwendenden Dampfkessels.

Berechnung der Leistung
von Auspuff-Dampfmaschinen mit Expansions-
Schiebersteuerung, ohne Dampfmantel.

Es kommen hier mittelgrosse Dampfmaschinen in
Betracht, deren Hauptdimensionen gewöhnlich innerhalb der Grenzen der in der Tabelle V zusammengestellten Dampfmaschinen von 240 bis 450 mm
Kolbendurchmesser liegen und dieselben werden zumeist mit beiderseitiger Kolbenstange ausgeführt,
weshalb auch die Gröfse der wirksamen Kolbenfläche F in Quadratcentimenter und der Coefficient

$$\frac{F \cdot s \cdot n}{30 \cdot 75}$$

in der Tabelle V, unter der Voraussetzung beiderseitiger Kolbenstange berechnet wurden.

Diese Dampfmascsinen arbeiten entweder mit Rücksicht auf die Ökonomie des Dampfverbrauches mit
dem beiläufigen ökonomisch günstigsten Füllungsgrade,
für dessen Gröfse die Tabelle VII Anhaltspunkte liefert,
oder sie müssen mit bedeutend höherem Füllungsgrade
arbeiten, da dies durch die Art der Anlage unver-
meidlich erscheint.

Es wird sich also darum handeln, die Leistung
der Dampfmaschine zumindest für diese zwei verschiedenen Füllungsgrade zu berechnen.

Im Nachstehenden ist als der Füllungsgrad für die Normalleistung der beiläufige ökonomisch günstigste Füllungsgrad nach der Tabelle II und für die Maximalleistung der Füllungsgrad

$$\frac{s_1}{s} = 0,6 \quad . \quad . \quad . \quad . \quad . \quad . \quad (77$$

der Berechnung der Leistung zu Grunde gelegt.

Erforderlichen Falles wird die Berechnung der Leistung für einen anderen als diese beiden Füllungsgrade nach dem gleichen Rechnungsvorgange durchzuführen sein.

Die bei diesen Dampfmaschinen angewendeten Dampfkessel sind zumeist für eine maximale zulässige Dampfspannung von 6; 6,5 oder 7 Atmosphären Überdruck gebaut oder werden wenigstens bei Neuanlagen zweckmässigerweise so ausgeführt. Bezüglich der Gröfse der mittleren absoluten Admissionsdampfspannung p_1 ist zu beachten, dass dieselbe infolge der Dampfdrosselung durch die schleichende Schieberbewegung im Allgemeinen höchstens den Mittelwert der Angaben nach der Tabelle II erreichen, zumeist aber noch etwas gegen den niedrigeren der beiden angegebenen Grenzwerte hin liegen wird. Es sind deshalb zufolge der Angaben in der Tabelle II die Berechnungen für die mittleren absoluten Admissionsdampfspannungen $p_1 = 5$; $5,5$; 6 und $6,5$ Atmosphären durchgeführt, beziehungsweise die Resultate der Berechnungen in den bezüglichen Tabellen zusammengestellt.

Für die Berechnung der Leerlaufsarbeit ist $p_a = 7$ für $p_1 = 5$ at, dann $p_a = 7,5$ für $p_1 = 5,5$ und 6 at, und $p_a = 8$ für $p_1 = 6,5$ at in die Rechnung gestellt worden.

Diesen Admissionsdampfspannungen entspricht zufolge der Tabelle VII angenähert für $p_1 = 5$ und $5,5$ der beiläufige ökonomisch günstigste Füllungsgrad

$$\frac{s_1}{s} = 0,3 \quad \ldots \quad \ldots \quad (78$$

und für $p_1 = 6$; $6,5$ und 7 der Füllungsgrad

$$\frac{s_1}{s} = 0,25 \quad \ldots \quad \ldots \quad (79$$

daher auch diese Füllungsgrade im Nachstehenden für die Berechnung der Normalleistung der in Betracht stehenden Maschinen angewendet erscheinen.

Diese Füllungsgrade nach den Formeln (77 bis 79 werden durch die entsprechende Einstellung des Expensionsschiebers erzielt.

Der Vertheilungsschieber bewirkt dagegen die Dampfvertheilung genau so wie bei der einfachen Schiebersteuerung für nahezu Vollfüllung und es gelten daher auch hierfür die Formeln (40 bis (42.

Es ist also auch für die Berechnung der in Betracht stehenden Dampfmaschinen

$$\frac{s_2}{s} = 0,94$$

$$\frac{s_3}{s} = 0,97$$

$$\frac{s_4}{s} = 0,998$$

in die Rechnung zu nehmen.

Dagegen wird hier der Coefficient des schädlichen Raumes wieder etwas niedriger und jener der Dampfdrosselung durch Querschnittsverengung, aber noch immer etwas höher in die Rechnung gestellt werden müssen als beide in der Wirklichkeit sind, um die Linien des ideellen Indicatordiagrammes mit jenen des von der im Betriebe befindlichen Maschine möglichst angenähert übereinstimmend zu erhalten, nämlich

$$q = 0,075$$
$$m = 0,035.$$

Es ergibt nun die Formel (51 den Expansionsgrad ε und zwar

a) für den Füllungsgrad

$$\frac{s_1}{s} = 0,25$$

$$\varepsilon = \frac{\dfrac{s_3}{s} + m}{\dfrac{s_1}{s} + m} = \frac{0,97 + 0,035}{0,25 + 0,035} = \frac{1,005}{0,285} = 3,526$$

und hierfür erhält man

$$\log . \varepsilon = 0,54728$$
$$2,3026 . \log . \varepsilon = 1,2602 ,$$

b) für den Füllungsgrad

$$\frac{s_1}{s} = 0,3$$

$$\varepsilon = \frac{\dfrac{s_3}{s} + m}{\dfrac{s_1}{s} + m} = \frac{0,97 + 0,035}{0,3 + 0,035} = \frac{1,005}{0,335} = 3$$

und es wird also

$$\log . \varepsilon = 0,47712$$
$$2,3026 . \log . \varepsilon = 1,0986$$

c) für den Füllungsgrad

$$\frac{s_1}{s} = 0,6$$

$$\varepsilon = \frac{\dfrac{s_3}{s} + m}{\dfrac{s_1}{s} + m} = \frac{0{,}97 + 0{,}035}{0{,}6 + 0{,}035} = \frac{1{,}005}{0{,}635} = 1{,}583$$

und demnach
$$\log . \varepsilon = 0{,}19948$$
$$2{,}3026 . \log . \varepsilon = 0{,}4593$$

ferner ergibt die Formel (54 den Compressionsgrad

$$\varepsilon_1 = \frac{1 - \dfrac{s_2}{s} + m}{1 - \dfrac{s_4}{s} + m} = \frac{1 - 0{,}94 + 0{,}035}{1 - 0{,}998 + 0{,}035} = \frac{0{,}095}{0{,}036} = 2{,}568$$

und es wird somit
$$\log . \varepsilon_1 = 0{,}40960$$
$$2{,}3026 . \log . \varepsilon_1 = 0{,}9431.$$

Zufolge der Formeln (69 und (70 ist für die beiden Füllungsgrade
$$\frac{s_1}{s} = 0{,}25 \text{ und } \frac{s_1}{s} = 0{,}3$$

die mittlere absolute Emissionsdampfspannung
$$p_2 = 1{,}15 \text{ at}$$
und für den Füllungsgrad
$$\frac{s_1}{s} = 0{,}6$$
$$p_2 = 1{,}2 \text{ at}$$

in die Rechnung genommen worden.

Um nun die indicierte Leistung zu berechnen, muss wieder zunächst die wirksame Dampfspannung p_w und die entgegengesetzte Dampfspannnung p_e berechnet werden, aus deren Differenz sich sodann die mittlere indicierte Dampfspannung p_i ergibt.

Mit den vorstehend angeführten Werten ergibt die

Formel (66 die mittlere wirksame Dampfspannung p_w und die Formel (67 die entgegengesetzte Dampfspannung p_e und zwar

    a) für den Füllungsgrad

$$\frac{s_1}{s} = 0,25$$

$$p_w = 0,5862 \cdot p_1 + 0,0173 \quad . \quad . \quad . \quad (80$$
$$p_e = 0,0011 \cdot p_1 + 1,1976 \quad . \quad . \quad . \quad (81$$

    b) für den Füllungsgrad

$$\frac{s_1}{s} = 0,3$$

$$p_w = 0,6450 \cdot p_1 + 0,0173 \quad . \quad . \quad . \quad (82$$
$$p_e = 0,0011 \cdot p_1 + 1,1976 \quad . \quad . \quad . \quad (83$$

    c) für den Füllungsgrad

$$\frac{s_1}{s} = 0,6$$

$$p_w = 0,8785 \cdot p_1 + 0,0180 \quad . \quad . \quad . \quad (84$$
$$p_e = 0,0011 \cdot p_1 + 1,2497 \quad . \quad . \quad . \quad (85$$

Hiernach sind die Werte von p_w und p_e und als deren Differenzen jene von p_i berechnet und in der Tabelle XV zusammengestellt.

Tabelle XV.

Mittlere Dampfspannungen p_w, p_e und p_i, in Atmosphären, für Auspuffmaschinen mit Expansions-Schiebersteuerung, ohne Dampfmantel.

Füllungsgrad	$p_1 =$	5	5,5	6	6,5
$\frac{s_1}{s} = 0,25$	$p_w =$	2,948	3,241	3,535	3,828
	$p_e =$	1,203	1,204	1,204	1,205
	$p_i =$	1,745	2,037	2,331	2,623
$\frac{s_1}{s} = 0,3$	$p_w =$	3,242	3,565	3,887	4,210
	$p_e =$	1,203	1,204	1,204	1,205
	$p_i =$	2,039	2,361	2,683	3,005
$\frac{s_1}{s} = 0,6$	$p_w =$	4,411	4,850	5,289	5,728
	$p_e =$	1,255	1,256	1,256	1,257
	$p_i =$	3,156	3,594	4,033	4,471

Der weitere Rechnungsgang behufs Ermittlung der Leistungsfähigkeit der Maschine ist aus nachstehendem Beispiele zu entnehmen.

Die in Betracht stehende Maschine hat folgende der Tabelle V entnommene Dimensionen

$$D = 300\,mm = 30\,cm = \text{Kolbendurchmesser}$$
$$s = 600\,mm = 0{,}6\,m = \text{Kolbenhub}$$
$$n = 80 = \text{Minutliche Umdrehungszahl}$$
$$d = 50\,mm = 5\,cm = \text{Kolbenstangendurchmesser}$$

und erhält beiderseitige Kolbenstange. Es ist sonach die wirksame Kolbenfläche

$$F = 687{,}2\ cm^2$$

und der Coefficient für die Formeln (18 und (19

$$\frac{F \cdot s \cdot n}{30 \cdot 75} = 14{,}660.$$

Zum Betriebe dieser Dampfmaschine wird ein Dampfkessel verwendet, welcher Dampf von 7 Atmosphären Überdruck maximaler Dampfspannung zu liefern vermag.

Die ganze Anlage wird sonst gewöhnliche Verhältnisse aufweisen, so dass für die mittlere absolute Admissionsdampfspannung p_1 aus der Tabelle II der Mittelwert von den beiden, der maximalen zulässigen Dampfspannung im Dampfkessel gleich 7 at Überdruck, entsprechenden Grenzwerten 6 und 7 at genommen werden kann, nämlich

$$p_1 = 6{,}5\ at.$$

Dieser Gröfse der mittleren absoluten Admissionsdampfspannung entspricht für die normale Leistung

nach den gemachten Voraussetzungen der Füllungsgrad nach der Formel (79, nämlich

$$\frac{s_1}{s} = 0{,}25$$

und für diese beiden Werte entnimmt man der
Tabelle XV die mittlere indicierte Spannung

$$p_i = 2{,}623.$$

Die Formel (18 ergibt nun die indicierte
Leistung dieser Dampfmaschine in Pferdestärken,
nämlich

$$N_i = \frac{F \cdot s \cdot n}{30 \cdot 75} \cdot p_i = 14{,}660 \cdot 2{,}623 = 38{,}453 \text{ PS.}$$

Für die Berechnung der mittleren Leerlaufsspannung p_0 ist in die Formel (73 zufolge der vorstehenden Darlegung auf Grund der Angaben in der
Tabelle II

$$p_a = 8 \text{ at}$$

zu setzen und es ergibt sich sonach mit

$$D = 30 \text{ cm}$$

$$p_0 = 0{,}042 \cdot \sqrt{p_a} + \frac{2{,}5}{D} = 0{,}042 \cdot \sqrt{8} + \frac{2{,}5}{30} = 0{,}202,$$

also wird nach der Formel (19 die Leerlaufsarbeit

$$N_0 = \frac{F \cdot s \cdot n}{30 \cdot 75} \cdot p_0 = 14{,}660 \cdot 0{,}202 = 2{,}961 \text{ PS}$$

und ferner ist zufolge der Tabelle I für den Kolbendurchmesser $D = 300$ mm $= 30$ cm

$$1 + \mu = 1{,}133$$

ferner ergibt die Formel (2 die effective Leistung oder den Nutzeffect

$$N_n = \frac{N_i - N_0}{1 + \mu} = \frac{38{,}453 - 2{,}961}{1{,}133} = 31{,}326 \text{ PS}$$

und endlich ergibt sich der Wirkungsgrad nach der Formel (4

$$\eta = \frac{N_n}{N_i} = \frac{31{,}326}{38{,}453} = 0{,}815.$$

Diesem Vorgange folgend wurden vom Verfasser für alle in der Tabelle V enthaltenen Hauptdimensionen die folgenden Tabellen für Auspuff-Dampfmaschinen mit Expansions-Schiebersteuerung berechnet, von welchen wieder insbesondere die auf ganze Zahlen von Pferdestärken abgerundeten Resultate der effectiven Leistung in der Tabelle XXI, der unmittelbaren Anwendung in der Praxis entspricht.

Im Hinblick darauf, dass die Leistungen der in Betracht stehenden Dampfmaschinen mit Expansions-Schiebersteuerung durch die Vergröfserung des Füllungsgrades gesteigert werden können, wurden bei dieser Abrundung auf Grund der Tabelle XIX Bruchtheile von 0,5 Pferdestärken aufwärts auf ganze Pferdestärken nach oben zu abgerundet.

Tabelle XVI.

Indicierte Leistung N_i in Pferdestärken der Auspuff-Dampfmaschinen mit Expansions-Schiebersteuerung, ohne Dampfmantel, mit den in der Tabelle V angegebenen Hauptdimensionen.

Kolbendurchmesser	Kolbenhub	Minutliche Umdrehungszahl	Mittlere absolute Admissionsdampfspannung p_1 in Atmosphären							
			5		5,5		6		6,5	
			Füllungsgrad s_1/s							
			0,3	0.6	0,3	0,6	0,25	0,6	0,25	0,6
mm	mm		Indicierte Leistung N_i in Pferdestärken							
240	480	90	17,166	26,570	19,876	30,258	19,625	33,954	22,083	37,641
250	500	90	19,371	29,982	22,430	34,143	22,145	38,314	24,919	42,475
280	560	85	25,783	39,908	29,855	45,446	29,475	50,997	33,168	56,536
300	600	80	29,892	46,267	34,612	52,688	34,172	59,124	38,453	65,545
320	640	75	33,951	52,551	39,313	59,844	38,813	67,153	43,676	74,447
350	700	72	42,650	66,014	49,385	75,176	48,758	84,358	54,865	93,520
380	760	68	51,558	79,803	59,700	90,878	58,942	101,978	66,325	113,054
400	800	65	57,655	89,239	66,760	101,624	65,911	114,037	74,168	126,422
420	840	65	66,649	103,160	77,174	117,477	76,193	131,827	85,738	146,144
450	900	60	75,669	117,122	87,619	133,377	86,506	149,669	97,342	165,923

Tabelle XVII.

Mittlere Leerlaufsspannung p_0 in Atmosphären, für die Auspuff-maschinen von 240 bis 450 mm Kolbendurchmesser nach der Tabelle V.

Kolbendurchmesser der Dampfmaschine		Maximale zulässige absolute Admissionsdampfspannung p_a in Atmosphären		
		7	7,5	8
mm	cm	Mittlere Leerlaufsspannung p_0 in Atmosphären		
240	24	0,215	0,219	0,223
250	25	0,211	0,215	0,219
280	28	0,200	0,204	0,208
300	30	0,194	0,198	0,202
320	32	0,189	0,193	0,197
350	35	0,183	0,186	0,190
380	38	0,177	0,181	0,185
400	40	0,174	0,178	0,181
420	42	0,171	0,175	0,178
450	45	0,167	0,171	0,174

Tabelle XVIII.

Leerlaufsarbeit N_0 in Pferdestärken, für die Auspuffmaschinen mit den in der Tabelle V angegebenen Hauptdimensionen.

Kolbendurchmesser	Kolbenhub	Minutliche Umdrehungszahl	Maximale zulässige Dampfspannung im Dampfkessel in Atmosphären Überdruck		
			6	6,5	7
			Mittlere absolute Admissionsdampfspannung p_1 in Atmosphären		
			5	5,5 und 6	6,5
			Maximale zulässige absolute Admissionsdampfspannung p_a in Atmosphären		
			7	7,5	8
mm	mm		Leerlaufsarbeit N_0 in Pferdestärken		
240	480	90	1,810	1,844	1,877
250	500	90	2,005	2,043	2,081
280	560	85	2,529	2,580	2,630
300	600	80	2,844	2,903	2,961
320	640	75	3,147	3,214	3,280
350	700	72	3,828	3,891	3,974
380	760	68	4,476	4,577	4,678
400	800	65	4,920	5,033	5,118
420	840	65	5,589	5,720	5,818
450	900	60	6,198	6,346	6,457

Tabelle XIX.

Effective Leistung (Nutzeffect) N_n in Pferdestärken, der Auspuffmaschinen mit Expansions-Schiebersteuerung, ohne Dampfmantel, mit den in der Tabelle V angegebenen Hauptdimensionen.

Kolbendurchmesser	Kolbenhub	Minutliche Umdrehungszahl	Mittlere absolute Admissionsdampfspannung p_1 in Atmosphären							
			5		5,5		6		6,5	
			Füllungsgrad s_1/s							
			0,3	0,6	0,3	0,6	0,25	0,6	0,25	0,6
mm	mm		Effective Leistung (Nutzeffect) N_n in Pferdestärken							
240	480	90	13,435	21,662	15,776	24,947	15,555	28,093	17,678	31,290
250	500	90	15,220	24,520	17,867	28,133	17,618	31,789	20,016	35,402
280	560	85	20,470	32,904	24,010	37,736	23,675	42,620	26,882	47,452
300	600	80	23,873	38,326	27,987	43,941	27,600	49,621	31,326	55,238
320	640	75	27,260	43,720	31,946	50,115	31,503	56,583	35,749	62,980
350	700	72	34,478	55,227	40,403	63,308	39,847	71,463	45,196	79,526
380	760	68	41,962	67,136	49,129	76,917	48,454	86,810	54,944	96,592
400	800	65	47,085	75,285	55,113	86,242	54,355	97,325	61,652	108,307
420	840	65	54,664	87,351	63,970	100,051	63,091	112,898	71,549	125,628
450	900	60	62,361	99,572	72,956	114,031	71,957	128,656	81,584	143,147

Tabelle XX.

Wirkungsgrad η der Auspuffmaschinen mit Expansions-Schiebersteuerung, ohne Dampfmantel, mit den in der Tabelle V angegebenen Hauptdimensionen.

Kolbendurchmesser	Kolbenhub	Minutliche Umdrehungszahl	Mittlere absolute Admissionsdampfspannung p_1 in Atmosphären							
			5		5,5		6		6,5	
			Füllungsgrad s_1/s							
			0,3	0,6	0,3	0,6	0,25	0,6	0,25	0,6
mm	mm		Wirkungsgrad η							
240	480	90	0,783	0,815	0,794	0,824	0,793	0,828	0,800	0,831
250	500	90	0,786	0,818	0,797	0,824	0,796	0,830	0,803	0,833
280	560	85	0,794	0,825	0,804	0,830	0,803	0,836	0,815	0,839
300	600	80	0,799	0,828	0,809	0,834	0,808	0,839	0,815	0,843
320	640	75	0,803	0,832	0,813	0,837	0,812	0,842	0,818	0,846
350	700	72	0,808	0,836	0,818	0,842	0,817	0,847	0,824	0,850
380	760	68	0,814	0,841	0,823	0,846	0,822	0,851	0,828	0,854
400	800	65	0,817	0,844	0,826	0,849	0,825	0,853	0,831	0,857
420	840	65	0,820	0,847	0,829	0,852	0,828	0,856	0,834	0,860
450	900	60	0,824	0,850	0,833	0,855	0,832	0,860	0,838	0,863

Tabelle XXI.

Effective Leistung (Nutzeffect) N_n in Pferdestärken, der Auspuffmaschinen mit Expansions-Schiebersteuerung, ohne Dampfmantel, mit den in der Tabelle V angegebenen Hauptdimensionen, dem unmittelbaren Gebrauche in der Praxis entsprechend auf ganze Zahlen abgerundet.

Kolbendurchmesser	Kolbenhub	Minutliche Umdrehungszahl	Mittlere absolute Admissionsdampfspannung p_1 in Atmosphären							
			5		5,5		6		6,5	
			Füllungsgrad s_1/s							
			0,3	0,6	0,3	0,6	0,25	0,6	0,25	0,6
mm	mm		Effective Leistung (Nutzeffect) N_n in Pferdestärken							
240	480	90	13	22	16	25	16	28	18	31
250	500	90	15	25	18	28	18	32	20	35
280	560	85	20	33	24	38	24	43	27	47
300	600	80	24	38	28	44	28	50	31	55
320	640	75	27	44	32	50	32	57	36	63
350	700	72	34	55	40	63	40	71	45	80
380	760	68	42	67	49	77	48	88	55	97
400	800	65	47	75	55	86	54	97	62	108
420	840	65	55	87	64	100	63	113	72	126
450	900	60	62	100	73	114	72	129	82	143

Die vorstehenden Tabellen XVI bis XXI lassen sich wie jene IX bis XIV wieder dazu benützen, um die Leistung einer Dampfmaschine mit k mal so grossem Kolbenhube und k_1 mal so grosser minutlicher Umdrehungszahl zu bestimmen, wie nachstehende Beispiele darthun.

Eine Auspuffdampfmaschine ohne Dampfmantel, mit Expansions-Schiebersteuerung und beiderseitiger Kolbenstange erhält 320 mm Kolbendurchmesser, 55 mm Kolbenstangendurchmesser und 75 minutliche Kurbelumdrehungen, jedoch statt des in den Tabellen V und XVI bis XXI angegebenen Kolbenhubes von 640 mm einen solchen von 600 mm.

Es ergibt sich hiernach der Coefficient für das geänderte Hubverhältnis

$$k = 600 : 640 = 0{,}9375$$

und für die mittlere absolute Admissionsdampfspannung

$$p_1 = 6{,}5 \text{ at}$$

und den Füllungsgrad

$$\frac{s_1}{s} = 0{,}25$$

die indicierte Leistung

$$N_i = 0{,}9375 \cdot 43{,}676 = 40{,}946 \text{ PS,}$$

sodann die effective Leistung oder der Nutzeffect

$$N_n = 0{,}9375 \cdot 35{,}749 = 33{,}515 \text{ PS}$$

oder auf die nächste ganze Zahl nach oben hin abgerundet

$$N_n = 34 \text{ PS.}$$

Es soll eine Auspuffdampfmaschine mit Expansions-Schiebersteuerung, ohne Dampfmantel, 300 mm Kolbendurchmesser und alle übrigen Dimensionen nach der Tabelle V, beziehungsweise nach den Tabellen XVI bis XXI erhalten, jedoch statt mit 80, nunmehr mit 90 minutlichen Umdrehungen arbeiten.

Die mittlere absolute Admissionsdampfspannung beträgt

$$p_1 = 6 \text{ at}$$

und der Füllungsgrad

$$\frac{s_1}{s} = 0{,}25\,.$$

Hiefür ist das Verhältnis der Umdrehungszahlen

$$k_1 = 90 : 80 = 1{,}125$$

und demnach die indicierte Leistung

$$N_i = 1{,}125 \cdot 34{,}172 = 38{,}444 \text{ PS}$$

und die effective Leistung oder der Nutzeffect

$$N_n = 1{,}125 \cdot 27{,}600 = 31{,}05 \text{ PS}$$

oder abgerundet

$$N_n = 31 \text{ PS}.$$

Eine Auspuffdampfmaschine ohne Dampfmantel, mit Expansions-Schiebersteuerung, mit 250 mm Kolbendurchmesser, soll statt der in der Tabelle V beziehungsweise in den Tabellen XVI bis XXI angegebenen Grössen:

$$\text{Kolbenhub} = 500 \text{ mm}$$
$$\text{Umdrehungszahl} = 90$$

mit folgenden ausgeführt werden:

$$\text{Kolbenhub} = 400 \text{ mm}$$
$$\text{Umdrehungszahl} = 100$$

die mittlere absolute Admissionsdampfspannung sei

$$p_1 = 5{,}5 \text{ at}$$

und der Füllungsgrad

$$\frac{s_1}{s} = 0{,}3\,.$$

Hiernach ist der Coefficient für den geänderten Kolbenhub

$$k = 400 : 500 = 0,8$$

sodann der Coefficient für die geänderte minutliche Umdrehungszahl

$$k_1 = 100 : 90 = 1,1111$$

und sonach das Produkt

$$k \cdot k_1 = 0,8 \cdot 1,1111 = 0,889 \,.$$

Es wird somit die indicierte Leistung der Maschine

$$N_i = 0,889 \cdot 22,430 = 19,940 \text{ PS}$$

und die effective Leistung oder der Nutzeffect

$$N_n = 0,889 \cdot 17,867 = 15,884 \text{ PS}$$

oder nach oben zu abgerundet

$$N_n = 16 \text{ PS} \,.$$

Auch die Tabellen XVI bis XXI lassen deutlich den hohen Einfluſs der Gröſse der Admissionsdampfspannung und sohin jenen der Dampfspannung im zugehörigen Dampfkessel auf die mit einer und derselben Dampfmaschine erzielbare Leistungsfähigkeit ersehen.

Berechnung der Leistung von Condensations-Dampfmaschinen mit Expansions-Schiebersteuerung, mit Dampfmantel.

Es sind wieder mittelgroſse Dampfmaschinen, deren Dimensionen gewöhnlich innerhalb der Grenzen der in der Tabelle V zusammengestellten Dampfmaschinen von 240 bis 450 mm Kolbendurchmesser liegen. Dieselben werden ebenfalls zumeist mit beiderseitiger Kolbenstange ausgeführt. Es paſst also die in der Tabelle V enthaltene Gröſse der wirksamen Kolbenfläche F in Quadratcentimeter und des Coefficienten

$$\frac{F \cdot s \cdot n}{30 \cdot 75}$$

auch für diese Art von Dampfmaschinen.

Auch diese Maschinen arbeiten entweder mit Rücksicht auf die Ökonomie des Dampfverbrauches mit einem in der Nähe des beiläufigen ökonomisch günstigsten liegenden Füllungsgrade und zwar zumeist mit

$$\frac{s_1}{s} = 0{,}15$$

oder sie werden im Laufe der Zeit infolge der Vergröſserung des Unternehmens höher beansprucht und arbeiten dann mit einem ihrer höheren Leistung entsprechenden gröſseren Füllungsgrade.

Um demnach die Leistungsfähigkeit einer solchen Dampfmaschine darzuthun, wird es nöthig, mindestens für zwei Füllungsgrade ihre Leistung zu berechnen.

Zur Dampflieferung sind, wenigstens bei neueren Anlagen, zumeist schon Dampfkessel mit einer maximalen zulässigen Dampfspannung von 6; 6,5 oder 7 at Überdruck vorhanden.

Bezüglich der Gröfse der mittleren absoluten Admissionsdampfspannung p_1 ist wieder zu beachten, dafs dieselbe infolge der Dampfdrosselung durch die schleichende Schieberbewegung im allgemeinen höchstens den Mittelwert der Angaben nach der Tabelle II erreichen, zumeist aber noch etwas gegen den niedrigeren der beiden Grenzwerte hin liegen wird.

Es kann also hiernach die mittlere absolute Admissionsdampfspannung p_1 auf halbe Atmosphären abgerundet

$$p_1 = 5; \ 5,5; \ 6 \text{ und } 6,5 \text{ at}$$

betragen und sind deshalb auch die Berechnungen, deren Resultate in den folgenden Tabellen zusammengestellt erscheinen, für diese Werte von p_1 durchgeführt worden.

Für die Berechnung der Leerlaufsarbeit wurden auch hier dieselben Voraussetzungen gemacht, wie im Vorstehenden bei den Auspuffmaschinen gleicher Hauptdimensionen, und es gelten daher für die bezüglichen Berechnungen auch hier als zusammengehörige Werte

$$p_a = 7 \ \text{ at für } p_1 = 5 \text{ at}$$
$$p_a = 7,5 \ \text{„ „ } p_1 = 5,5 \text{ und } 6 \text{ at}$$
$$p_a = 8 \ \text{„ „ } p_1 = 6,5 \text{ at.}$$

Den vorgenannten Admissionsdampfspannungen

entsprechen zufolge der Tabelle VII für Condensations-Dampfmaschinen mit Dampfmantel die Füllungsgrade

$$\frac{s_1}{s} = 0,1 \text{ bis } 0,125$$

für mittlere Brennstoffpreise.

Bei den nachfolgenden Berechnungen wurde für die Normalleistung der Maschine der Füllungsgrad

$$\frac{s_1}{s} = 0,15 \quad . \quad . \quad . \quad . \quad . \quad . \quad (86$$

entsprechend niederen Brennstoffpreisen und für die Maximalleistung

$$\frac{s_1}{s} = 0,4 \quad . \quad . \quad . \quad . \quad . \quad . \quad (87$$

angenommen.

Handelt es sich in einem besonderen Falle um die Berechnung der Leistung für einen anderen Füllungsgrad, so ist dieselbe mit dem gleichen Rechnungsvorgange leicht durchführbar.

Die verschiedenen Füllungsgrade werden wieder durch die entsprechende Einstellung des Expansionsschiebers erzielt, während der Vertheilungsschieber für nahezu Vollfüllung ausgeführt ist und die durch die Formel (40 bis (42 ausgedrückten Kolbenwegverhältnisse ergibt, nämlich:

$$\frac{s_2}{s} = 0,94$$

$$\frac{s_3}{s} = 0,97$$

$$\frac{s_4}{s} = 0,998$$

daher auch diese Werte in die folgende Rechnung aufgenommen wurden.

Um aber auch bei den Condensationsmaschinen für die Expansionslinie und Compressionslinie das durch die gleichseitige Hyperbel im Indicatordiagramme dargestellte einfache Mariotte'sche Gesetz anwenden zu können, welches in den Formeln (49 bis (56 der vorstehenden Berechnung zu Grunde gelegt erscheint und für die Anwendbarkeit der Formeln (66 und (67, für p_w und p_e als Voraussetzung gilt, mufs man für den Coefficienten des schädlichen Raumes m und jenen der Dampfdrosselung q passende Annahmen machen, welche den Ergebnissen des Vergleiches wirklich aufgenommener Indicatordiagramme und der hiernach ermittelten Constanten der gleichseitigen Hyperbel entsprechen.

Es ist naturgemäss zweckmäfsig bei Condensationsmaschinen und insbesondere bei solchen mit Dampfmantel, den schädlichen Raum möglichst klein zu machen, so dafs in Wirklichkeit der Coefficient des schädlichen Raumes

$$m < 0{,}05$$

ausfällt. In die Rechnung wird man hingegen, entsprechend der Wirksamkeit des Dampfmantels, den schädlichen Raum gröfser einsetzen müssen als er in Wirklichkeit ist, um die berechneten Linien des ideellen Indicatordiagrammes mit jenen des von der Maschine thatsächlich zu erwartenden Indicatordiagrammes möglichst annähernd in Übereinstimmung zu bringen.

Aus dem gleichen Grunde wird der Coefficient der Drosselung q noch etwas kleiner in die Rechnung zu nehmen sein als bei den vorstehend behandelten Auspuffmaschinen ohne Dampfmantel.

Diesen Bedingungen entsprechen annähernd die nachstehend in die Rechnung einbezogenen Werte

$$m = 0,05$$
$$q = 0,05 \,.$$

Mit diesen Verhältnissen erhält man zunächst aus der Formel (51 den Expansionsgrad ε und zwar

a) für den Füllungsgrad

$$\frac{s_1}{s} = 0,15$$

$$\varepsilon = \frac{\dfrac{s_3}{s} + m}{\dfrac{s_1}{s} + m} = \frac{0,97 + 0,05}{0,15 + 0,05} = \frac{1,02}{0,2} = 5,100$$

und hiefür erhält man für die Substitution in die Formel (66

$$\log . \varepsilon = 0,70757$$
$$2,3026 . \log . \varepsilon = 1,6293$$

b) für den Füllungsgrad

$$\frac{s_1}{s} = 0,4$$

$$\varepsilon = \frac{\dfrac{s_3}{s} + m}{\dfrac{s_1}{s} + m} = \frac{0,97 + 0,05}{0,4 + 0,05} = \frac{1,02}{0,45} = 2,267$$

und es wird hiernach

$$\log . \varepsilon = 0,35545$$
$$2,3026 . \log . \varepsilon = 0,8185 \,.$$

Für den Compressionsgrad erhält man nach der Formel 54) den Wert

$$\varepsilon_1 = \frac{1 - \dfrac{s_2}{s} + m}{1 - \dfrac{s_4}{s} + m} = \frac{1 - 0{,}94 + 0{,}05}{1 - 0{,}998 + 0{,}05} = \frac{0{,}11}{0{,}052} = 2{,}115$$

und hiermit für die Substitution in die Formel (67

$$\log . \varepsilon_1 = 0{,}32531$$
$$2{,}3026 . \log . \varepsilon_1 = 0{,}7491$$

Unter Berücksichtigung der Formeln (71 und (72 ist in den folgenden Rechnungen für den Füllungsgrad

$$\frac{s_1}{s} = 0{,}15$$

die mittlere absolute Emissionsdampfspannung

$$p_2 = 0{,}22 \text{ at}$$

und für den Füllungsgrad

$$\frac{s_1}{s} = 0{,}4$$

die mittlere absolute Emissionsdampfspannung

$$p_2 = 0{,}3 \text{ at}$$

in die Rechnung genommen.

Durch Einsetzen der bezüglichen vorstehenden Werte und Verhältnisse in die Formeln (66 und (67 erhält man die nachstehenden Werte für die mittlere wirksame Dampfspannung p_w und die mittlere entgegengesetzte Dampfspannung p_e und zwar

a) für den Füllungsgrad

$$\frac{s_1}{s} = 0{,}15$$

$$p_w = 0{,}4623 . p_1 + 0{,}0033 \quad . \quad . \quad . \quad (88$$
$$p_e = 0{,}0011 . p_1 + 0{,}2273 \quad . \quad . \quad . \quad (89$$

b) für den Füllungsgrad

$$\frac{s_1}{s} = 0{,}4$$

$$p_w = 0{,}7562 \cdot p_1 + 0{,}0045 \quad . \quad . \quad . \quad (90$$
$$p_e = 0{,}0011 \cdot p_1 + 0{,}3099 \quad . \quad . \quad . \quad (91$$

Hiermit sind wieder die Werte von p_w und p_e und als deren Differenzen die mittleren indicierten Spannungen p_i für die vorstehend angegebenen Werte von p_1 berechnet und in der Tabelle XXII zusammengestellt.

Tabelle XXII.

Mittlere Dampfspannungen p_w, p_e und p_i in Atmosphären, für Condensations-Dampfmaschinen mit Expansions-Schiebersteuerung, mit Dampfmantel.

Füllungsgrad	$p_1 =$	5	5,5	6	6,5
$\dfrac{s_1}{s} = 0{,}15$	$p_w =$	2,315	2,546	2,777	3,007
	$p_e =$	0,233	0,233	0,234	0,235
	$p_i =$	2,082	2,313	2,543	2,772
$\dfrac{s_1}{s} = 0{,}4$	$p_w =$	3,786	4,164	4,542	4,920
	$p_e =$	0,315	0,316	0,317	0,317
	$p_i =$	3,471	3,848	4,225	4,603

Der weitere Rechnungsvorgang bei der Berechnung der Leistung einer Condensations-Dampfmaschine mit Expansions-Schiebersteuerung und Dampfmantel von gegebenen Dimensionen ist aus dem nachstehenden Beispiele ersichtlich.

Die der Tabelle V entnommenen Angaben für die zu berechnende Maschine sind folgende:

$D = 400\,\text{mm} = 40\,\text{cm} = $ Kolbendurchmesser

$s = 800\,\text{mm} = 0{,}8\,\text{m} = $ Kolbenhub

$n = 65 = $ Minutliche Umdrehungszahl der Maschinenkurbel

$d = 65\,\text{mm} = 6{,}5\,\text{cm} = $ Kolbenstangendurchmesser.

Die Maschine erhält beiderseitige Kolbenstange, wie es bei der Berechnung der wirksamen Kolbenfläche F in Quadratcentimeter in der Tabelle V vorausgesetzt ist, für welche demnach die Gröfse

$$F = 1223,5 \ cm^2$$

und ferner auch der Coefficient

$$\frac{F.s.n}{30.75} = 28,276$$

aus dieser Tabelle zu entnehmen ist.

Die mittlere absolute Admissionsdampfspannung werde nach der vorhandenen maximalen Kesselspannung von 6 at Überdruck und den sonstigen obwaltenden Umständen mit

$$p_1 = 5 \ at$$

festgestellt, und es betrage die maximale zulässige absolute Admissionsdampfspannung bei der Berechnung der Leerlaufsarbeit zufolge der vorstehenden Erörterungen

$$p_a = 7 \ at.$$

Für die normale Leistung der Maschine ist nun, wie bereits angegeben, der beiläufige ökonomisch günstigste Füllungsgrad

$$\frac{s_1}{s} = 0,15$$

wofür die Tabelle XXII für

$$p_1 = 5 \ at$$

die mittlere indicierte Dampfspannung

$$p_i = 2,082 \ at$$

ergibt, durch deren Substitution in die Formel (18 man die indicierte Leistung dieser Maschine in Pferdestärken erhält, nämlich

$$N_i = \frac{F.s.n}{30.75} \cdot p_i = 28,276 . 2,082 = 58,871 \ PS.$$

Die Formel (74 ergibt die mittlere Leerlaufsspannung p_0, nämlich

7*

$$p_0 = 0,025 + 0,05 \cdot \sqrt{p_a} + \frac{4,5}{D} = 0,025 + 0,05 \cdot \sqrt{7} +$$

$$+ \frac{4,5}{40} = 0,270 \, \text{at}$$

und die Formel (19 die **Leerlaufsarbeit**

$$N_0 = \frac{F \cdot s \cdot n}{30 \cdot 75} \cdot p_0 = 28,276 \cdot 0,270 = 7,635 \, \text{PS}.$$

Es ist ferner zufolge der Tabelle I, für den Kolbendurchmesser $D = 400 \, \text{mm} = 40 \, \text{cm}$

$$1 + \mu = 1,12$$

und mithin die **effective** Leistung oder der **Nutzeffect** in Pferdestärken nach der Formel (2

$$N_n = \frac{N_i - N_0}{1 + \mu} = \frac{58,871 - 7,635}{1,12} = 45,746 \, \text{PS}$$

daher der **Wirkungsgrad** η nach der Formel (4

$$\eta = \frac{N_n}{N_i} = \frac{45,746}{58,871} = 0,777.$$

In gleicher Weise wurden vom Verfasser für alle Condensations-Dampfmaschinen mit Expansions-Schiebersteuerung und Dampfmantel nach den in der Tabelle V enthaltenen Hauptdimensionen die Berechnungen durchgeführt. Die Ergebnisse dieser Berechnungen sind in den folgenden Tabellen XXIII bis XXVII zusammengestellt und in der Tabelle XXVIII wieder für den unmittelbaren praktischen Gebrauch die effectiven Leistungen nach ganzen Pferdestärken abgerundet angegeben.

Im Hinblick auf die Möglichkeit der Erhöhung der Leistung der Dampfmaschine durch die Vergröfserung des Füllungsgrades, wurden hierbei Bruchtheile von 0,5 Pferdestärken aufwärts auf ganze Pferdestärken nach oben zu abgerundet.

Tabelle XXIII.

Indicierte Leistung N_i in Pferdestärken, der Condensations-Dampfmaschinen mit Expansions-Steuerung und Dampfmantel, mit den in der Tabelle V angegebenen Hauptdimensionen.

Kolbendurchmesser	Kolbenhub	Minutliche Umdrehungszahl	Mittlere absolute Admissionsdampfspannung p_1 in Atmosphären							
			5		5,5		6		6,5	
			Füllungsgrad s_1/s							
			0,15	0,4	0,15	0,4	0,15	0,4	0,15	0,4
mm	mm		Indicierte Leistung N_i in Pferdestärken							
240	480	90	17,528	29,222	19,473	32,369	21,410	35,570	23,337	38,753
250	500	90	19,779	32,975	21,974	36,556	24,159	40,138	26,334	43,729
280	560	85	26,328	43,891	29,248	48,658	32,156	53,425	35,052	58,205
300	600	80	30,522	50,885	33,909	56,412	37,280	61,939	40,638	67,480
320	640	75	34,667	57,796	38,514	64,073	42,343	70,350	46,157	76,645
350	700	72	43,549	72,603	48,381	80,489	53,192	88,374	57,982	96,281
380	760	68	52,645	87,768	58,487	97,301	64,302	106,833	70,093	116,391
400	800	65	58,871	98,146	65,402	108,806	71,906	119,466	78,381	130,154
420	840	65	68,054	113,457	75,605	125,780	83,123	138,103	90,608	150,258
450	900	60	77,265	128,812	85,838	142,803	94,373	156,794	102,872	170,822

Tabelle XXIV.

Mittlere Leerlaufsspannung p_0 in Atmosphären, für die Condensatious-Dampfmaschinen von 240 bis 450 mm Kolbendurchmesser nach der Tabelle V.

Kolbendurchmesser der Dampfmaschine		Maximale zulässige absolute Admissionsdampfspannung p_a in Atmosphären		
		7	7,5	8
mm	cm	Mittlere Leerlaufsspannung p_0 in Atmosphären		
240	24	0,345	0,349	0,354
250	25	0,337	0,342	0,346
280	28	0,318	0,323	0,327
300	30	0,307	0,312	0,316
320	32	0,298	0,303	0,307
350	35	0,286	0,291	0,295
380	38	0,276	0,280	0,285
400	40	0,270	0,274	0,279
420	42	0,264	0,269	0,274
450	45	0,257	0,262	0,266

Tabelle XXV.

Leerlaufsarbeit N_0 in Pferdestärken, für die Condensations-Dampfmaschinen mit den in der Tab. V angegebenen Hauptdimensionen.

Kolbendurchmesser	Kolbenhub	Minutliche Umdrehungszahl	Maximale zulässige Dampfspannung im Dampfkessel in Atmosphären Überdruck		
			6	6,5	7
			Mittlere absolute Admissionsdampfspannung p_1 in Atmosphären		
			5	5,5 und 6	6,5
			Maximale zulässige absolute Admissionsdampfspannung p_a in Atmosphären		
			7	7,5	8
mm	mm		Leerlaufsarbeit N_0 in Pferdestärken		
240	480	90	2,905	2,938	2,980
250	500	90	3,202	3,249	3,287
280	560	85	4,021	4,084	4,136
300	600	80	4,501	4,574	4,633
320	640	75	4,961	5,045	5,112
350	700	72	5,982	6,087	6,171
380	760	68	6,979	7,080	7,207
400	800	65	7,635	7,748	7,889
420	840	65	8,629	8,793	8,956
450	900	60	9,537	9,723	9,872

Tabelle XXVI.

Effective Leistung (Nutzeffect) N_n in Pferdestärken, der Condensations-Dampfmaschinen mit Expansions-Schiebersteuerung und Dampfmantel, mit den in der Tabelle V angegebenen Hauptdimensionen.

Kolbendurchmesser	Kolbenhub	Minutliche Umdrehungszahl	Mittlere absolute Admissionsdampfspannung p_1 in Atmosphären							
			5		5,5		6		6,5	
			Füllungsgrad s_1/s							
			0,15	0,4	0,15	0,4	0,15	0,4	0,15	0,4
mm	mm		Effective Leistung (Nutzeffect) N_n in Pferdestärken							
240	480	90	12,794	23,025	14,466	25,749	16,161	28,549	17,810	31,298
250	500	90	14,529	26,094	16,411	29,191	18,326	32,330	20,199	35,445
280	560	85	19,619	35,097	22,151	39,238	24,553	43,434	27,215	47,596
300	600	80	22,967	40,939	25,891	45,755	28,867	50,631	31,779	55,469
320	640	75	26,289	46,752	29,619	52,237	33,007	57,792	36,323	63,304
350	700	72	33,363	59,166	37,562	66,094	41,834	73,079	46,013	80,027
380	760	68	40,700	72,005	45,817	80,410	51,000	88,906	56,048	97,312
400	800	65	45,746	80,813	51,477	90,230	57,284	99,748	62,939	109,165
420	840	65	53,200	93,848	59,814	104,734	66,544	115,766	73,099	126,501
450	900	60	60,797	107,069	68,326	119,461	75,987	131,930	83,483	144,479

Tabelle XXVII.

Wirkungsgrad η, der Condensations-Dampfmaschinen mit Expansions-Schiebersteuerung und Dampfmantel, mit den in der Tabelle V angegebenen Hauptdimensionen.

Kolbendurchmesser	Kolbenhub	Minutliche Umdrehungszahl	Mittlere absolute Admissionsdampfspannung p_1 in Atmosphären							
			5		5,5		6		6,5	
			Füllungsgrad s_1/s							
			0,15	0,4	0,15	0,4	0,15	0,4	0,15	0,4
mm	mm		Wirkungsgrad η							
240	480	90	0,730	0,788	0,743	0,795	0,755	0,803	0,763	0,808
250	500	90	0,735	0,791	0,747	0,798	0,759	0,805	0,767	0,810
280	560	85	0,745	0,800	0,757	0,806	0,763	0,813	0,776	0,818
300	600	80	0,752	0,804	0,764	0,811	0,774	0,818	0,782	0,822
320	640	75	0,758	0,809	0,769	0,815	0,779	0,821	0,787	0,826
350	700	72	0,766	0,815	0,776	0,821	0,786	0,827	0,794	0,831
380	760	68	0,773	0,820	0,783	0,826	0,793	0,832	0,799	0,836
400	800	65	0,777	0,823	0,787	0,829	0,797	0,835	0,803	0,839
420	840	65	0,781	0,827	0,791	0,833	0,800	0,838	0,807	0,842
450	900	60	0,787	0,831	0,796	0,837	0,805	0,841	0,812	0,846

Tabelle XXVIII.

Effective Leistung (Nutzeffect) N_n in Pferdestärken, der Condensations-Dampfmaschinen mit Expansions-Schiebersteuerung und Dampfmantel, mit den in der Tabelle V angegebenen Hauptdimensionen, dem unmittelbaren Gebrauche in der Praxis entsprechend auf ganze Zahlen abgerundet.

Kolbendurchmesser	Kolbenhub	Minutliche Umdrehungszahl	Mittlere absolute Admissionsdampfspannung p_1 in Atmosphären							
			5		5,5		6		6,5	
			Füllungsgrad s_1/s							
			0,15	0,4	0,15	0,4	0,15	0,4	0,15	0,4
mm	mm		Effective Leistung (Nutzeffect) N_n in Pferdestärken							
240	480	90	13	23	14	26	16	29	18	31
250	500	90	15	26	16	29	18	32	20	35
280	560	85	20	35	22	39	25	43	27	48
300	600	80	23	41	26	46	29	51	32	55
320	640	75	26	47	30	52	33	58	36	63
350	700	72	33	59	38	66	42	73	46	80
380	760	68	41	72	46	80	51	89	56	97
400	800	65	46	81	51	90	57	100	63	109
420	840	65	53	94	60	105	67	116	73	127
450	900	60	61	107	68	119	76	132	83	144

In besonderen Fällen, in welchen zwar der Kolbendurchmesser und die wirksame Kolbenfläche mit den Angaben der vorstehenden Tabellen XXIII bis XXVIII, übereinstimmen, jedoch der Kolbenhub k mal so gross und die minutliche Umdrehungszahl k_1 mal so gross ist, hat man die betreffenden Tabellenwerte für die Leistung der Dampfmaschine mit dem Produkte $(k \cdot k_1)$ zu multiplicieren, um sofort die gesuchte Leistung der in Betracht stehenden Maschine zu erhalten.

Bei unveränderter minutlicher Umdrehungszahl ist $k_1 = 1$ und anderenfalls bei unverändertem Kolbenhube $k = 1$ zu setzen.

Zur Erläuterung des bezüglichen Vorganges mögen die folgenden Beispiele in Betracht gezogen werden.

Eine Condensations-Dampfmaschine mit Expansions-Schiebersteuerung, Dampfmantel und beiderseitiger Kolbenstange soll 380 mm Kolbendurchmesser, 65 mm Kolbenstangendurchmesser und 68 minutliche Kurbelumdrehungen erhalten, jedoch statt des in der Tabelle XXIII beziehungsweise XXV und XXVI angegebenen Kolbenhubes von 760 mm einen Kolbenhub gleich 700 mm erhalten.

Zufolge der Tabelle V ist die wirksame Kolbenfläche übereinstimmend mit der für die Maschine mit 380 mm Kolbendurchmesser in den Tabellen XXIII bis XXVI in die Rechnung gestellten Gröfse der wirksamen Kolbenfläche, dagegen der Kolbenhub geändert und zwar ist das Kolbenhubverhältnis

$$k = 700 : 760 = 0{,}9210.$$

Beträgt nun die mittlere absolute Admissionsdampfspannung beispielsweise

$$p_1 = 5{,}5 \text{ at}$$

und der Füllungsgrad

$$\frac{s_1}{s} = 0,15 \,,$$

so erhält man die indicierte Leistung

$$N_i = 0,9210 \cdot 58,487 = 53,867 \text{ PS}$$

und die effective Leistung oder den Nutzeffect

$$N_n = 0,9210 \cdot 45,817 = 42,197 \text{ PS}$$

oder auf die nächste ganze Zahl abgerundet

$$N_n = 42 \text{ PS} \,.$$

Soll hingegen die Dampfmaschine, deren Kolbendurchmesser 380 mm und Kolbenhub 760 mm beträgt statt mit 68 nur mit 65 minutlichen Kurbelumdrehungen arbeiten, so ist das Verhältnis der Umdrehungszahlen

$$k_1 = 65 : 68 = 0,9559 \,.$$

Beträgt nun wieder die mittlere absolute Admissionsdampfspannung

$$p_1 = 5,5 \text{ at}$$

und der Füllungsgrad

$$\frac{s_1}{s} = 0,15 \,,$$

so ergibt sich die indicierte Leistung

$$N_i = 0,9559 \cdot 58,487 = 55,908 \text{ PS}$$

und ferner die effective Leistung oder der Nutzeffect

$$N_n = 0,9559 \cdot 45,817 = 43,796 \text{ PS} \,.$$

Soll endlich bei der in Betracht stehenden Dampfmaschine mit 380 mm Kolbendurchmesser sowohl der Kolbenhub als auch die minutliche Umdrehungszahl geändert werden und zwar der Kolbenhub nur

700 mm und die minutliche Umdrehungszahl nur 65 betragen, so ist das Hubverhältnis

$$k = 700 : 760 = 0{,}9210$$

und das Verhältnis der Umdrehungszahlen

$$k_1 = 65 : 68 = 0{,}9559$$

und mithin das Produkt

$$k \cdot k_1 = 0{,}9210 \cdot 0{,}9559 = 0{,}8804.$$

Wird ferner die mittlere absolute Admissionsdampfspannung wieder

$$p_1 = 5{,}5 \text{ at}$$

und der Füllungsgrad

$$\frac{s_1}{s} = 0{,}15$$

vorausgesetzt, so beträgt die indicierte Leistung

$$N_i = 0{,}8804 \cdot 58{,}487 = 51{,}492 \text{ PS}$$

und weiters die effective Leistung oder der Nutzeffect

$$N_n = 0{,}8804 \cdot 45{,}817 = 40{,}337 \text{ PS}$$

oder wieder auf die nächste ganze Zahl abgerundet

$$N_n = 40 \text{ PS}.$$

Berechnung der Leistung von Condensations-Dampfmaschinen mit Ventilsteuerung oder Präcisions-
Schiebersteuerung, mit Dampfmantel.

Es sind gewöhnlich nur grössere Eincylinder-
Dampfmaschinen, welche als Condensationsmaschinen
mit Ventilsteuerung oder Präcisions-Schiebersteuerung
ausgeführt werden, bei welchen auf die Ökonomie
des Dampfverbrauches grofser Wert gelegt wird. Die
Hauptdimensionen liegen zumeist innerhalb der in
der Tabelle VI eingehaltenen Grenzen. Sie werden
in der Regel mit beiderseitiger Kolbenstange ausgeführt, weshalb auch die in der Tabelle VI angegebenen Werte für die wirksame Kolbenfläche F
in Quadratcentimeter und für den Coefficienten

$$\frac{F \cdot s \cdot n}{30 \cdot 75}$$

dieser Bedingung entsprechend berechnet sind.

Im Hinblick auf die angestrebte Ökonomie des
Dampfverbrauches arbeiten diese Maschinen in der
Regel mit dem beiläufigen ökonomisch günstigsten
Füllungsgrade, wofür wieder die Tabelle VII die
nöthigen Anhaltspunkte bietet.

Andererseits sind die Verhältnisse der Dampfzu-
leitung und der Bewegung der Steuerungsventile oder

Steuerungsschieber beim Öffnen und Schliefsen der Dampfeinströmungscanäle zumeist derart, dafs die mittlere absolute Admissionsdampfspannung p_1 sich bei gegebener Kesselspannung den in der Tabelle II in der Rubrik „unter günstigen Umständen" angegebenen Werten möglichst nähert, zumindest aber nicht unter den Mittelwert zwischen den Angaben dieser Rubrik und jener „unter ungünstigen Umständen" herabsinkt. Die hierbei angewendeten Dampfkessel sind bei neueren Anlagen mindestens für die maximale Dampfspannung von 6,5 at Überdruck bei den neuesten Anlagen aber bereits für 7 oder 7,5 at Überdruck gebaut.

Es ist deshalb für die nachstehenden Berechnungen vorausgesetzt worden, dafs die maximale zulässige Kesselspannung innerhalb der Grenzen von 6,5 bis 7,5 at Überdruck liegt und die mittlere absolute Admissionsdampfspannung p_1 folgende Gröfsen aufweisen kann, nämlich

$$p_1 = 6; \; 6,5; \; 7 \text{ und } 7,5 \text{ at.}$$

Es wurden sonach für die Berechnung der Leerlaufsarbeit die nachstehenden Werte der maximalen und mittleren absoluten Admissionsdampfspannung p_a und p_1 als zusammengehörig betrachtet und zwar

$$p_a = 7,5 \text{ at für } p_1 = 6 \text{ at}$$
$$p_a = 8 \quad \text{„} \quad \text{„} \quad p_1 = 6,5 \text{ und } 7 \text{ at}$$
$$p_a = 8,5 \text{ „} \quad \text{„} \quad p_1 = 7,5 \text{ at.}$$

Den vorstehend angegebenen Admissionsdampfspannungen entspricht zufolge der Tabelle VII für Condensationsmaschinen mit Dampfmantel der beiläufige ökonomisch günstigste Füllungsgrad

$$\frac{s_1}{s} = 0,1 \quad \ldots \quad \ldots \quad (90$$

und es wurde deshalb für diesen Füllungsgrad im Nachstehenden die Leistungsberechnung durchgeführt.

In gleichem Rechnungsvorgange ist diese Berechnung übrigens auch für jeden anderen Füllungsgrad durchführbar.

Für die übrigen Kolbenwegverhältnisse wurden die Angaben nach den Formeln (44 bis (46 benützt, nämlich

$$\frac{s_2}{s} = 0,75$$

$$\frac{s_3}{s} = 0,96$$

$$\frac{s_4}{s} = 0,998$$

ferner wurde wie bei den vorstehend behandelten Condensationsmaschinen mit Expansions-Schiebersteuerung der Coefficient des schädlichen Raumes mit

$$m = 0,05 \, ,$$

dagegen der Coefficient der Drosselung durch Querschnittsverengerung nur mit

$$q = 0,03$$

in die Rechnung gezogen, und endlich wurde die mittlere absolute Emissionsdampfspannung nach der Formel (71 angenommen, nämlich

$$p_2 = 0,22 \text{ at}.$$

Mit den vorstehenden Angaben ergibt die Formel (51 den Expansionsgrad

$$\varepsilon = \frac{\dfrac{s_3}{s} + m}{\dfrac{s_1}{s} + m} = \frac{0,96 + 0,05}{0,1 + 0,05} = \frac{1,01}{0,15} = 6,7333$$

und hiefür erhält man für die Substitution in die Formel (66

$$\log . \varepsilon = 0,82823$$
$$2,3026 . \log . \varepsilon = 1,9071 .$$

Nach der Formel (54 erhält man den Compressionsgrad

$$\varepsilon_1 = \frac{1 - \dfrac{s_2}{s} + m}{1 - \dfrac{s_4}{s} + m} = \frac{1 - 0,75 + 0,05}{1 - 0,998 + 0,05} = \frac{0,30}{0,052} = 5,769$$

und hiefür erhält man für die Substitution in die Formel (67

$$\log . \varepsilon_1 = 0,76110$$
$$2,3026 . \log . \varepsilon_1 = 1,7525 .$$

Es ergibt nun die Formel (66 durch Einsetzen der bezüglichen vorstehend angegebenen Größen für die mittlere wirksame Dampfspannung p_w die folgende vereinfachte Formel

$$p_w = 0,3804 . p_1 + 0,0044 \quad . \quad . \quad . \quad (91$$

und ebenso erhält man aus der Formel (68 für die entgegengesetzte Dampfspannung p_e die vereinfachte Formel

$$p_e = 0,001 . p_1 + 0,2826 \quad . \quad . \quad . \quad (92$$

Diese Formeln ergeben für die jeweilig vorhandene mittlere absolute Admissionsdampfspannung p_1 die entsprechenden Werte von p_w und p_e und als deren Differenz die mittlere indicierte Spannung p_i

Nach denselben sind für die vorstehend angegebenen, auf halbe Atmosphären abgerundeten Werte von p_1 die Werte von p_w, p_e und p_i berechnet und die Rechnungsergebnisse in der Tabelle XXIX zusammengestellt.

Tabelle XXIX.

Mittlere Dampfspannungen p_w, p_e und p_i in Atmosphären, für Condensations-Dampfmaschinen mit Ventilsteuerung oder Präcisions-Schiebersteuerung, mit Dampfmantel.

Füllungsgrad $\dfrac{s_1}{s} = 0{,}1$.

$p_1 =$	6	6,5	7	7,5
$p_w =$	2,287	2,477	2,667	2,857
$p_e =$	0,289	0,289	0,290	0,290
$p_i =$	1,998	2,188	2,377	2,567

Der weitere Rechnungsvorgang behufs Ermittlung der Leistung einer Condensations-Dampfmaschine mit Ventilsteuerung oder Präcisions-Schiebersteuerung und Dampfmantel, deren Dimensionen gegeben oder angenommen sind, ist in dem nachstehenden Beispiele dargelegt.

Die in Betracht stehende Dampfmaschine erhält folgende der Tabelle VI entnommene Dimensionen

$D = 450$ mm $= 45$ cm $=$ Kolbendurchmesser

$s = 900$ mm $= 0{,}9$ m $=$ Kolbenhub

$d = 75$ mm $= 7{,}5$ cm $=$ Kolbenstangendurchmesser

$n = 70 =$ Minutliche Umdrehungszahl der Maschinenkurbel.

Dieselbe wird mit beiderseitiger Kolbenstange ausgeführt, und es beträgt demnach zufolge der Angaben in der Tabelle VI die wirksame Kolbenfläche F in Quadratcentimeter

$$F = 1546,3 \text{ cm}^2$$

und der Coefficient für die Formeln (18 und (19

$$\frac{F \cdot s \cdot n}{30 \cdot 75} = 43,296 .$$

Die maximale zulässige Dampfspannung im Dampf-kessel sei 7 Atmosphären Überdruck und hiernach die mittlere absolute Admissionsdampfspannung zufolge der Tabelle II

$$p_1 = 7 \text{ at}$$

und die maximale zulässige absolute Admissions-dampfspannung für die Bestimmung der Festigkeits-dimensionen und der Leerlaufsarbeit dieser Dampf-maschine

$$p_a = 8 \text{ at} .$$

Es ist nun für diese mittlere absolute Admissions-dampfspannung zufolge der Tabelle XXIX die mitt-lere indicierte Dampfspannung

$$p_i = 2,377 \text{ at} ,$$

daher ergibt die Formel (18 die **indicierte Leistung** der in Betracht stehenden Dampfmaschine in Pferde-stärken

$$N_i = \frac{F \cdot s \cdot n}{30 \cdot 75} \cdot p_i = 43,296 \cdot 2,377 = 102,915 \text{ PS} .$$

Ferner ist zufolge der Formel (74 die mittlere **Leerlaufsspannung**

$$p_0 = 0,025 + 0,05 \cdot \sqrt{p_a} + \frac{4,5}{D} = 0,025 + 0,05 \cdot \sqrt{8} +$$

$$+ \frac{4,5}{45} = 0,266 \text{ at}$$

und hiernach zufolge der Formel (19 die **Leer-laufsarbeit**

$$N_0 = \frac{F \cdot s \cdot n}{30 \cdot 75} \cdot p_0 = 43{,}296 \cdot 0{,}266 = 11{,}518 \, \text{PS} \, .$$

Der Tabelle I entnimmt man für den Kolben-durchmesser $D = 450$ mm $= 45$ cm

$$1 + \mu = 1{,}114$$

und die Formel (2 ergibt sonach die **effective** Leistung der Maschine oder den **Nutzeffect** in Pferdestärken

$$N_n = \frac{N_i - N_0}{1 + \mu} = \frac{102{,}915 - 11{,}518}{1{,}114} = \frac{91{,}397}{1{,}114} =$$
$$= 82{,}044 \, \text{PS} \, .$$

Es ergibt nunmehr die Formel (4 den **Wirkungs-grad**

$$\eta = \frac{N_n}{N_i} = \frac{82{,}044}{102{,}915} = 0{,}797 \, .$$

Die Resultate der vom Verfasser in gleicher Weise durchgeführten Berechnungen für alle Condensations-Dampfmaschinen mit Ventilsteuerung oder Präcisions-Schiebersteuerung nach den in der Tabelle VI an-gegebenen Hauptdimensionen, sind in den folgenden Tabellen XXX bis XXXIV zusammengestellt und in der Tabelle XXXV wieder für den unmittelbaren praktischen Gebrauch die effectiven Leistungen nach ganzen Pferdestärken abgerundet angegeben.

Tabelle XXX.

Indicierte Leistung N_i in Pferdestärken, der Condensations-Dampfmaschinen mit Ventilsteuerung oder Präcisions-Schiebersteuerung, mit Dampfmantel, nach den in der Tabelle VI angegebenen Hauptdimensionen.

Füllungsgrad $\dfrac{s_1}{s} = 0,1$

Kolben-durch-messer	Kolben-hub	Minutliche Umdrehungszahl	Mittlere absolute Admissionsdampfspannung p_1 in Atmosphären			
			6	6,5	7	7,5
mm	mm		Indicierte Leistung N_i in Pferdestärken			
300	600	90	33,053	36,087	39,204	42,338
320	640	85	37,702	41,289	44,853	48,439
350	700	82	47,596	52,123	56,625	61,151
380	760	78	57,872	63,463	68,945	74,456
400	800	75	64,901	71,073	77,212	83,384
420	840	72	72,342	79,221	86,064	92,943
450	900	70	86,505	94,732	102,915	111,141
500	1000	65	110,429	120,931	131,377	141,878
550	1100	60	135,514	148,401	161,220	174,107
600	1200	55	161,107	176,427	191,667	206,987

Tabelle XXXI.

Mittlere Leerlaufsspannung p_0 in Atmosphären, für die Condensations-Dampfmaschinen von 300 bis 600 mm Kolbendurchmesser nach der Tabelle VI.

Kolbendurchmesser der Dampfmaschine		Maximale zulässige Admissionsdampfspannung p_a in Atmosphären		
		7,5	8	8,5
mm	cm	Mittlere Leerlaufsspannung p_0 in Atmosphären		
300	30	0,312	0,316	0,321
320	32	0,303	0,307	0,311
350	35	0,291	0,295	0,299
380	38	0,280	0,285	0,289
400	40	0,274	0,279	0,283
420	42	0,269	0,274	0,278
450	45	0,262	0,266	0,271
500	50	0,252	0,256	0,261
550	55	0,244	0,248	0,253
600	60	0,237	0,241	0,246

Tabelle XXXII.

Leerlaufsarbeit N_0 in Pferdestärken, für die Condensations-Dampfmaschinen mit d. i. d. Tabelle VI angegebenen Hauptdimensionen.

Kolbendurchmesser	Kolbenhub	Minutliche Umdrehungszahl	Maximale zulässige Dampfspannung im Dampfkessel in Atmosphären Überdruck		
			6,5	7	7,5
			Mittlere absolute Admissionsdampfspannung p_1 in Atmosphären		
			6	6,5 und 7	7,5
			Maximale zulässige absolute Admissionsdampfspannung p_a in Atmosphären		
			7,5	8	8,5
mm	mm		Leerlaufsarbeit N_0 in Pferdestärken		
300	600	90	5,146	5,212	5,294
320	640	85	5,718	5,793	5,869
350	700	82	6,932	7,027	7,123
380	760	78	8,121	8,266	8,382
400	800	75	8,900	9,063	9,193
420	840	72	9,740	9,921	10,066
450	900	70	11,344	11,517	11,733
500	1000	65	13,928	14,149	14,425
550	1100	60	16,549	16,821	17,160
600	1200	55	19,110	19,433	19,836

Tabelle XXXIII.

Effective Leistung (Nutzeffect) N_n in Pferdestärken, der Condensations-Dampfmaschinen mit Ventilsteuerung oder Präcisions-Schiebersteuerung, mit Dampfmantel, nach den in der Tabelle VI angegebenen Hauptdimensionen.
Füllungsgrad $s_1/s = 0{,}1$.

Kolben-durch-messer	Kolben-hub	Minutliche Umdreh-ungszahl	Mittlere absolute Admissionsdampfspannung p_1 in Atmosphären			
			6	6,5	7	7,5
mm	mm		Effective Leistung (Nutzeffect) N_n in Pferdestärken			
300	600	90	24,631	27,251	30,002	32,696
320	640	85	28,301	31,412	34,566	37,673
350	700	82	36,114	40,050	44,048	47,982
380	760	78	44,341	49,195	54,081	58,889
400	800	75	50,001	55,367	60,847	66,242
420	840	72	56,045	62,041	68,167	74,196
450	900	70	67,470	74,699	82,045	89,235
500	1000	65	87,016	96,287	105,706	114,927
550	1100	60	107,758	119,185	130,796	142,162
600	1200	55	129,088	142,722	156,577	170,138

Tabelle XXXIV.

Wirkungsgrad η der Condensations-Dampfmaschinen mit Ventilsteuerung oder Präcisions-Schiebersteuerung, mit Dampfmantel, nach den in der Tabelle VI angegebenen Hauptdimensionen.

$$\text{Füllungsgrad } \frac{s_1}{s} = 0,1.$$

Kolben-durch-messer mm	Kolben-hub mm	Minutliche Umdreh-ungszahl	Mittlere absolute Admissionsdampfspannung p_1 in Atmosphären			
			6	6,5	7	7,5
			Wirkungsgrad η			
300	600	90	0,745	0,755	0,765	0,772
320	640	85	0,751	0,761	0,771	0,778
350	700	82	0,759	0,768	0,778	0,784
380	760	78	0,766	0,775	0,784	0,791
400	800	75	0,770	0,779	0,788	0,794
420	840	72	0,775	0,783	0,792	0,798
450	900	70	0,780	0,789	0,797	0,803
500	1000	65	0,788	0,796	0,805	0,810
550	1100	60	0,795	0,803	0,811	0,817
600	1200	55	0,810	0,809	0,817	0,823

Tabelle XXXV.

Effective Leistung (Nutzeffect) N_n in Pferdestärken, der Condensations-Dampfmaschinen mit Ventilsteuerung oder Präcisions-Schiebersteuerung, mit Dampfmantel, nach den in der Tabelle VI angegebenen Hauptdimensionen, dem unmittelbaren Gebrauche in der Praxis entsprechend, auf ganze Zahlen abgerundet.

$$\text{Füllungsgrad } \frac{s_1}{s} = 0,1.$$

Kolben-durch-messer mm	Kolben-hub mm	Minutliche Umdreh-ungszahl	Mittlere absolute Admissionsdampfspannung p_1 in Atmosphären			
			6	6,5	7	7,5
			Effective Leistung (Nutzeffect) N_n in Pferdestärken			
300	600	90	25	27	30	33
320	640	85	28	31	35	38
350	700	82	36	40	44	48
380	760	78	44	49	54	59
400	800	75	50	55	61	66
420	840	72	56	62	68	74
450	900	70	67	75	82	89
500	1000	65	87	96	106	115
550	1100	60	108	119	131	142
600	1200	55	129	143	157	170

Die vorstehenden Tabellen für die Condensations-Dampfmaschinen mit Ventilsteuerung oder Präcisions-Schiebersteuerung und Dampfmantel können ebenso wie die früheren dazu benützt werden, um für eine Dampfmaschine mit dem in den Tabellen angegebenen Kolbendurchmesser und gleich grosser wirksamer Kolbenfläche, aber k·mal so grossem Kolbenhub und k_1 mal so grosser minutlicher Umdrehungszahl die indicierte und effective Leistung zu ermitteln, wie aus den nachstehenden Beispielen ersichtlich ist.

Eine derartige Dampfmaschine von 450 mm Kolbendurchmesser soll statt des in der Tabelle XXX, beziehungsweise XXXIII, angegebenen Kolbenhubes von 900 mm, einen Kolbenhub von 800 mm erhalten und ebenfalls mit 70 minutlichen Umdrehungen arbeiten. Der Füllungsgrad soll

$$\frac{s_1}{s} = 0,1$$

und die mittlere absolute Admissionsdampfspannung

$$p_1 = 6,5 \text{ at}$$

betragen.

Es beträgt hiernach im Hinblick auf den geänderten Kolbenhub, das Kolbenhubverhältnis

$$k = 800 : 900 = 0,8889 = \frac{8}{9}.$$

Hiefür ergibt sich statt des Tabellenwertes für die indicierte Leistung, nämlich statt 94,732 PS, nunmehr die indicierte Leistung

$$N_i = k \cdot 94,732 = 0,8889 \cdot 94,732 = \frac{8}{9} \cdot 94,732 = 84,206 \text{ PS}$$

Ferner ergibt sich statt des Tabellenwertes von 74,699 PS nunmehr die effective Leistung

$$N_n = k \cdot 74{,}699 = \frac{8}{9} \cdot 74{,}699 = 66{,}399 \text{ PS},$$

oder auf die nächste ganze Zahl abgerundet

$$N_n = 66 \text{ PS}.$$

Soll dagegen die Dampfmaschine mit den in den Tabellen XXX und XXXIII angegebenen Dimensionen:

$$\text{Kolbendurchmesser} = 400 \text{ mm}$$
$$\text{Kolbenhub} \qquad = 800 \text{ mm}$$

nicht mit den in der Tabelle angegebenen 75, sondern nur mit 70 minutlichen Umdrehungen, bei dem Füllungsgrade

$$\frac{s_1}{s} = 0{,}1$$

mit der mittleren absoluten Admissionsdampfspannung $p_1 = 7$ at arbeiten, so ist das Verhältnis der Umdrehungszahlen

$$k_1 = 70 : 75 = 0{,}9333,$$

und hiefür erhält man statt des Tabellenwertes von 77,212 PS, die indicierte Leistung

$$N_i = k_1 \cdot 77{,}212 = 0{,}9333 \cdot 77{,}212 = 72{,}062 \text{ PS}$$

und statt des Tabellenwertes von 60,847 PS, die effective Leistung

$$N_n = k_1 \cdot 60{,}847 = 0{,}9333 \cdot 60{,}847 = 56{,}789 \text{ PS}$$

oder wieder auf die nächste ganze Zahl abgerundet

$$N_n = 57 \text{ PS}.$$

Soll ferner eine solche Dampfmaschine von 600 mm Kolbendurchmesser statt 1200 mm Kolbenhub und 55 minutlichen Umdrehungen, 1100 mm Kolbenhub und 60 minutliche Kurbelumdrehungen erhalten, so ist das Kolbenhubverhältnis

$$k = \frac{1100}{1200} = \frac{11}{12}$$

und das Verhältnis der Umdrehungszahlen

$$k_1 = \frac{60}{55} = \frac{12}{11}$$

und mithin das Produkt

$$k \cdot k_1 = \frac{11}{12} \cdot \frac{12}{11} = 1,$$

es bleibt mithin die für die erstere Maschine in den Tabellen angegebene Leistung auch für die Maschine mit den abgeänderten Verhältnissen unverändert giltig.

Soll endlich eine Dampfmaschine der in Rede stehenden Art mit Ventilsteuerung bei 420 mm Kolbendurchmesser nur 800 mm Kolbenhub und 70 minutliche Umdrehungen statt 840 mm Kolbenhub und 72 minutlichen Umdrehungen, wie in der Tabelle angegeben, erhalten, so ergibt sich das Kolbenhubverhältnis

$$k = 800 : 840 = 0{,}9524$$

und das Verhältnis der Umdrehungszahlen

$$k_1 = 70 : 72 = 0{,}9722,$$

also das Produkt

$$k \cdot k_1 = 0{,}9524 \cdot 0{,}9722 = 0{,}9259.$$

Für den Füllungsgrad

$$\frac{s_1}{s} = 0{,}1$$

und die mittlere absolute Admissionsdampfspannung

$$p_1 = 7{,}5 \text{ at}$$

beträgt somit die indicierte Leistung

$$N_i = k \cdot k_1 \cdot 92{,}943 = 0{,}9259 \cdot 92{,}943 = 85{,}956 \text{ PS}$$

und die effective Leistung

$$N_n = k \cdot k_1 \cdot 74{,}196 = 0{,}9259 \cdot 74{,}196 = 68{,}698 \text{ PS},$$

oder auf eine ganze Zahl abgerundet

$$N_n = 69 \text{ PS}.$$

Berechnung des Dampfverbrauches einer Dampfmaschine auf Grund eines ideellen Indicatordiagrammes.

Während bei einer im Betriebe stehenden Dampfmaschine der stündliche gesammte Dampfverbrauch und hiernach der stündliche Dampfverbrauch pro indicierte Pferdestärke, sowie auch der stündliche Dampfverbrauch pro effective Pferdestärke durch directe Messung der Speisewassermenge und gleichzeitige Abnahme von Indicatordiagrammen ermittelt werden kann, ist man zur Berechnung dieses Dampfverbrauches bei einer noch nicht im Betriebe stehenden oder erst projectierten Dampfmaschine auf die rechnerische Bestimmung auf Grund bestimmter Voraussetzungen angewiesen.

Es erfolgt hierbei die Berechnung in der Weise, dafs man den gesammten Dampfverbrauch als aus drei Theilen bestehend darstellt, nämlich aus dem nutzbaren Dampfverbrauche, ferner aus dem Dampfverluste infolge der Abkühlung des in den Dampfcylinder einströmenden Dampfes und endlich aus dem Dampfverluste infolge der Undichtheit des Dampfkolbens, der Steuerungsorgane und Stopfbüchse. Nach der von Hrabák eingeführten

Bezeichnung wird der erstere dieser beiden Dampfverluste der Abkühlungsverlust und der letztere der Dampflässigkeitsverlust genannt.

Dabei gilt als nutzbarer Dampfverbrauch diejenige Dampfmenge, welche von der während der Admissionsperiode (Füllungsperiode, Einströmungsperiode) in den Dampfcylinder einströmenden Dampfmenge zu Ende der Admissionsperiode im Dampfcylinder vorhanden und daher vermittels des Indicatordiagrammes nachweisbar ist.

Im nachfolgenden wird das Dampfvolumen in Kubikmeter und das Dampfgewicht in Kilogramm ausgedrückt, und zwar bezeichnet

$S_i{}'$ den stündlichen nutzbaren Dampfverbrauch in Kilogramm pro indicierte Pferdestärke,

$S_i{}''$ den stündlichen Abkühlungsverlust in Kilogramm pro indicierte Pferdestärke,

$S_i{}'''$ den stündlichen Dampflässigkeitsverlust in Kilogramm pro indicierte Pferdestärke,

S_i den stündlichen gesammten Dampfverbrauch in Kilogramm pro indicierte Pferdestärke,

S_n den stündlichen gesammten Dampfverbrauch in Kilogramm pro effective Pferdestärke

und es gilt sonach für den stündlichen gesammten Dampfverbrauch in Kilogramm pro indicierte Pferdestärke die Formel

$$S_i = S_i{}' + S_i{}'' + S_i{}''' \quad \ldots \ldots \quad (93$$

und für den stündlichen gesammten Dampfverbrauch in Kilogramm pro effective Pferdestärke die Formel

$$S_n = S_i \cdot \frac{N_i}{N_n} \quad \ldots \ldots \quad (94$$

oder auch

$$S_n = \frac{1}{\eta} \cdot S_i \quad . \quad . \quad . \quad . \quad . \quad (95$$

wobei wieder wie im Vorhergehenden bei der Leistungsberechnung

N_i die indicierte Leistung der Dampfmaschine in
Pferdestärken,

N_n die effective Leistung der Dampfmaschine in
Pferdestärken und

η den Wirkungsgrad der Dampfmaschine bezeichnet.

Infolge der Condensation des Dampfes in der
Dampfrohrleitung vom Dampfkessel zur Dampfmaschine und etwa mitgerissenen Wassers, kommt zu
dem vorstehend in Betracht gezogenen stündlichen
gesammten Dampfverbrauch pro indicierte oder effective Pferdestärke, in gewöhnlichen Fällen noch ein
Zuwachs von 4 bis 10 $^0/_0$ und bei langen Dampfrohr-
leitungen ein noch wesentlich gröfserer Zuwachs,
welcher gewöhnlich kurzweg als das Leitungscondensat
bezeichnet wird.

Im Hinblick auf die Berechnung des Dampf-
volumens nach Kubikmeter ist im folgenden abweichend
von den vorstehenden Leistungsberechnungen die
Kolbenfläche F in Quadratmeter und der Kolbendurchmesser D in Meter in die Rechnung gestellt,
der Kolbenhub s aber wie dort in Meter ausgedrückt,
übrigens aber gelten alle Bezeichnungen wie bei den
vorstehenden Leistungsberechnungen.

Es ergibt sich sonach für die indicierte Leistung
der Dampfmaschine in Pferdestärken nunmehr die
Formel

$$N_i = \frac{10000 \cdot F \cdot s \cdot n}{30 \cdot 75} \cdot p_i$$

oder auch

$$N_i = \frac{40}{9} \cdot F \cdot s \cdot n \cdot p_i \quad . \quad . \quad . \quad . \quad (96$$

Nimmt man der gröfseren Sicherheit wegen das specifische Gewicht des Dampfes σ_1 zu Ende der Admissionsperiode entsprechend der mittleren absoluten Admissionsdampfspannung p_1 — statt jener $(1-q) \cdot p_1$ zu Beginn der Expansion — und bezeichnet sonach mit σ_1 das Gewicht von $1\,m^3$ Dampf in kg zu Ende der Admissionsperiode, so ist das Gewicht des im Cylinder zu Ende der Admissionsperiode enthaltenen Dampfes

$$F \cdot s \cdot \left(\frac{s_1}{s} + m\right) \cdot \sigma_1$$

entsprechend dem Volumen

$$F \cdot (s_1 + m \cdot s).$$

Bezeichnet ferner σ_2 das specifische Gewicht des Dampfes bei der mittleren absoluten Emissionsdampfspannung und setzt man dafür annähernd den Betrag von $1,1 \cdot \sigma_2$ für das Gewicht von $1\,m^3$ Dampf in Kilogramm zu Beginn der Compressionsperiode, so ist das Gewicht des im Cylinder zu Beginn der Compressionsperiode eingeschlossenen Dampfes

$$1,1 \cdot F \cdot s \cdot \left(1 - \frac{s_2}{s} + m\right) \cdot \sigma_2$$

entsprechend dem Dampfvolumen

$$F \cdot (s - s_2 + m \cdot s).$$

Es beträgt demnach der nutzbare Dampfverbrauch

pro Stunde oder der stündliche nutzbare Dampfverbrauch in Kilogramm

$$\left[F.s.(\frac{s_1}{s}+m).\sigma_1-1,1.F.s.(1-\frac{s_2}{s}+m).\sigma_2\right].2.n.60$$

und somit der stündliche nutzbare Dampfverbrauch in Kilogramm pro indicierte Pferdestärke

$$S_i'=\frac{120}{N_i}.F.s.n.\left[(\frac{s_1}{s}+m).\sigma_1-1,1.(1-\frac{s_2}{s}+m).\sigma_2\right]\ (97$$

und wenn für N_i der Wert aus der vorstehenden
Formel (96 eingesetzt wird

$$S_i'=\frac{9}{40.F.s.n.p_i}.120.F.s.n.\left[(\frac{s_1}{s}+m).\sigma_1-\right.$$
$$\left.-1,1.(1-\frac{s_2}{s}+m).\sigma_2\right]$$

oder auch, nach vorgenommener Abkürzung,

$$S_i'=\frac{27}{p_i}.\left[(\frac{s_1}{s}+m).\sigma_1-1,1.(1-\frac{s_2}{s}+m).\sigma_2\right]\quad(98$$

Für die Berechnung der Dampfverluste (Abkühlungsverlust und Dampfflüssigkeitsverlust) geben
die nachstehenden von Hrabák angegebenen und in
der hier benützten Schreibweise den im Vorstehenden
eingeführten Bezeichnungen angepaßten empirischen
Formeln, mit den praktischen Erfahrungsresultaten
gut übereinstimmende Werte und zwar:

a) Für den stündlichen Abkühlungsverlust in
Kilogramm pro indicierte Pferdestärke von Eincylinder-Dampfmaschinen ohne Dampfmantel,
eine der folgenden beiden Formeln

$$S_i''=\frac{0,2.p_1.\sqrt{\omega.(t_1-t_m)}}{p_i.\sqrt{s.c}}.\left[1+\frac{s}{D}.(\frac{s_1}{s}+4.m)\right]\ (99$$

oder

$$S_i'' = \frac{0{,}2 \cdot p_1 \cdot \sqrt{\omega \cdot (t_1 - t_m)}}{p_i \cdot \sqrt{c}} \cdot \left[1 + \frac{s}{D} \cdot \left(\frac{s_1}{s} + 4 \cdot m\right)\right] \quad (100$$

Von den Ergebnissen der Formeln (99 und (100 wird entweder ein Mittelwert, oder, um sicherer zu gehen, der gröfsere Wert beibehalten.

Der Mittelwert wird insbesondere bei kleinem Kolbenhub als der wahrscheinlichste in Betracht zu ziehen sein. Bei sehr kleinem Kolbenhube aber wird der wahrscheinliche Wert noch unter dem Mittelwerte liegen.

Für die directe Berechnung dieses Mittelwertes ergibt sich die Formel

$$S_i'' = \frac{1}{2} \cdot \left(\frac{1}{\sqrt{s \cdot c}} + \frac{1}{\sqrt{c}}\right) \cdot \frac{0{,}2 \cdot p_1 \cdot \sqrt{\omega \cdot (t_1 - t_m)}}{p_i} \cdot \left[1 + \right.$$
$$\left. + \frac{s}{D} \cdot \left(\frac{s_1}{s} + 4 \cdot m\right)\right]$$

und nach vorgenommener Reduction die nachstehende einfachere Formel, nämlich

$$S_i'' = \frac{0{,}1 \cdot (1 + \sqrt{s}) \cdot p_1 \cdot \sqrt{\omega \cdot (t_1 - t_m)}}{p_i \cdot \sqrt{s \cdot c}} \cdot \left[1 + \frac{s}{D} \cdot \left(\frac{s_1}{s} + \right.\right.$$
$$\left.\left. + 4 \cdot m\right)\right] \quad \ldots \quad \ldots \quad \ldots \quad (101$$

b) Für den stündlichen Abkühlungsverlust in Kilogramm pro indicierte Pferdestärke von Ein-cylinder-Dampfmaschinen mit Dampfmantel

$$S_i'' = \frac{0{,}25 \cdot \sqrt[4]{p_1{}^3} \cdot \sqrt{\omega \cdot (t_1 - t_m)}}{p_i \cdot \sqrt{s \cdot c}} \cdot \left[1 + \frac{s}{D} \cdot \left(\frac{s_1}{s} + 4 \cdot m\right)\right] \quad (102$$

oder

$$S_i'' = \frac{0{,}25 \cdot \sqrt[4]{p_1{}^3} \cdot \sqrt{\omega \cdot (t_1 - t_m)}}{p_i \cdot \sqrt{c}} \cdot \left[1 + \frac{s}{D} \cdot \left(\frac{s_1}{s} + 4 \cdot m \right) \right] \quad (103$$

in welcher Formel sowohl der Abkühlungsverlust im Dampfcylinder als auch die im Dampfmantel condensierte Dampfmenge inbegriffen ist. Auch hier wird wieder eventuell und insbesondere für Maschinen mit sehr kleinem Kolbenhub ein Mittelwert der Ergebnisse der Formeln (102 und (103 in Betracht zu ziehen sein.

Für die directe Berechnung dieses Mittelwertes ergibt sich die Formel

$$S_i'' = \frac{1}{2} \cdot \left(\frac{1}{\sqrt{s \cdot c}} + \frac{1}{\sqrt{c}} \right) \cdot \frac{0{,}25 \cdot \sqrt[4]{p_1{}^3} \cdot \sqrt{\omega \cdot (t_1 - t_m)}}{p_i} \cdot \Big[1 +$$
$$ + \frac{s}{D} \cdot \left(\frac{s_1}{s} + 4 \cdot m \right) \Big]$$

und hieraus ergibt sich durch Reduction die nachstehende einfachere Formel, nämlich

$$S_i'' = \frac{0{,}125 \cdot (1 + \sqrt{s}) \cdot \sqrt[4]{p_1{}^3} \cdot \sqrt{\omega \cdot (t_1 - t_m)}}{p_i \cdot \sqrt{s \cdot c}} \cdot \Big[1 +$$
$$ + \frac{s}{D} \cdot \left(\frac{s_1}{s} + 4 \cdot m \right) \Big] \quad \ldots \ldots \ldots \quad (104$$

Bei höherer Compression erhitzen sich die Wandungen, welche den schädlichen Raum einschliefsen, etwas mehr als bei geringer Compression. Bei ersterer wird deshalb der Abkühlungsverlust etwas geringer. Man kann diesem Umstande Rechnung tragen, indem

man in den vorstehenden Formeln (99 bis 104) den
Coefficienten des schädlichen Raumes bei höherer
Compression etwas kleiner annimmt, als er in Wirklichkeit ist, beziehungsweise, daſs man dem Coefficienten m in diesen Formeln noch einen Factor
(kleiner als Eins) vorsetzt. Bei der Compression bis
zur Anfangsdampfspannung kann dieser Factor 0,6
bis 0,7 betragen, so daſs also in diesem Falle in den
vorstehenden Formeln 0,6 m bis 0,7 m statt m einzusetzen ist.   Übrigens ist in allen hier für die Berechnung des Dampfverbrauches angeführten Formeln
m der dem — bei der jeweilig in Betracht stehenden
Maschine — wirklich vorhandenen schädlichen Raum
entsprechende Coefficient desselben, also im Allgemeinen

1. bei kleinen Volldruck-Auspuffmaschinen ohne
Dampfmantel $m = 0,07$

2. bei Auspuffmaschinen mit Expansionsschieber-
steuerung, ohne Dampfmantel $m = 0,05$

3. bei Condensationsmaschinen mit Expansions-
schiebersteuerung mit Dampfmantel $m = 0,04$

4. bei Condensationsmaschinen mit Ventilsteuerung
oder Präcisions-Schiebersteuerung, mit Dampfmantel
$m = 0,03$,

c) Für den stündlichen Dampflässigkeitsverlust
in Kilogramm pro indicierte Pferdestärke

$$S_i''' = \frac{4,4}{\sqrt{c \cdot N_i}} + \frac{1}{4 \cdot c} + 0,15 \quad . \quad . \quad . \quad (105$$

wobei zu bemerken ist, daſs dieser Antheil des Dampf-
verlustes bei sehr gut ausgeführten und instand-
gehaltenen Dampfmaschinen vielleicht bis auf die
Hälfte herabgemindert werden, bei sichtlicher Dampf-

lässigkeit aber leicht das Doppelte oder noch mehr betragen kann.

In den vorstehenden Formeln (98 bis (105 gelten die nachbenannten, zum Theil bereits bei den vorstehenden Leistungsberechnungen angewendeten Bezeichnungen:

$D =$ Kolbendurchmesser in Meter,

$s =$ Kolbenhub in Meter,

$s_1 =$ Kolbenweg während der Admissionsperiode in Meter,

$s_2 =$ Kolbenweg während der Emissionsperiode in Meter,

$n =$ Minutliche Umdrehungszahl der Maschinenkurbel,

$c =$ Mittlere Kolbengeschwindigkeit in Meter pro Secunde,

$\dfrac{s_1}{s} =$ Füllungsgrad,

$m =$ Coefficient des schädlichen Raumes,

$p_1 =$ Mittlere absolute Admissionsdampfspannung in Atmosphären,

$p_2 =$ Mittlere absolute Emissionsdampfspannung in Atmosphären,

$p_i =$ Mittlere indicierte Dampfspannung in Atmosphären,

$t_1 =$ Dampftemperatur in Graden Celsius, entsprechend der mittleren absoluten Admissionsdampfspannung p_1,

$t_w =$ Dampftemperatur in Graden Celsius, bei der mittleren wirksamen Dampfspannung p_w,

$t_e =$ Dampftemperatur in Graden Celsius, bei der mittleren entgegengesetzten Dampfspannung p_e,

$t_m = \tfrac{1}{2} \cdot (t_w + t_e) =$ Mittlere Dampftemperatur in Graden Celsius,

$\sigma_1 =$ Gewicht von $1\ m^3$ Dampf in kg bei der mittleren absoluten Admissionsdampfspannung p_1,

$\sigma_2 =$ Gewicht von $1\ m^3$ Dampf in kg, bei der mittleren absoluten Emissionsdampfspannung p_2,

$N_i =$ Indicierte Leistung der Dampfmaschine in Pferdestärken,

$\omega =$ Der dem Kolbenwege s_1 während der Admissionsperiode entsprechende Kurbelwinkel (Admissionswinkel, Füllungswinkel) im Bogenmafse für den Halbmesser gleich der Längeneinheit.

Hiernach ergibt sich zufolge der Formel (93 die nachstehende Formel für den stündlichen gesammten Dampfverbrauch in Kilogramm pro indicierte Pferdestärke, wenn gleich die Mittelwerte der Formeln (99 und (100, beziehungsweise (102 und 103), also die Formeln (101 und (104 für den Abkühlungsverlust in Betracht gezogen werden, nämlich:

a) Für Dampfmaschinen ohne Dampfmantel

$$S_i = \frac{27}{p_i} \cdot \left[\left(\frac{s_1}{s} + m\right) . \sigma_1 - 1,1 . \left(1 - \frac{s_2}{s} + m\right) . \sigma_2 \right] +$$

$$+ \frac{0,1 . (1 + \sqrt{s}) . p_1 . \sqrt{\omega . (t_1 - t_m)}}{p_i . \sqrt{s . c}} \cdot \left[1 + \frac{s}{D} \cdot \left(\frac{s_1}{s} + \right. \right.$$

$$\left. \left. + 4 . m\right) \right] + \frac{4,4}{\sqrt{c . N_i}} + \frac{1}{4 . c} + 0,15 \ . \quad . \quad . \quad . \quad (106$$

b) Für Dampfmaschinen mit Dampfmantel

$$S_i = \frac{27}{p_i} \cdot \left[\left(\frac{s_1}{s} + m\right) . \sigma_1 - 1,1 . \left(1 - \frac{s_2}{s} + m\right) . \sigma_2 \right] +$$

$$+ \frac{0{,}125 \cdot (1 + \sqrt{s}) \cdot \sqrt{p_1{}^3} \cdot \sqrt[4]{\omega} \cdot (t_1 - t_m)}{p_i \cdot \sqrt{s} \cdot c} \Bigg[1 +$$

$$+ \frac{s}{D} \cdot \left(\frac{s_1}{s} + 4 \cdot m \right) \Bigg] + \frac{4{,}4}{\sqrt{c \cdot N_i}} + \frac{1}{4 \cdot c} + 0{,}15 \quad . \quad (107$$

Man kann nun die Berechnung des Dampfverbrauches entweder in der Weise durchführen, daſs man nach den zugehörigen Formeln $S_i{}'$, $S_i{}''$ und $S_i{}'''$ einzeln berechnet und schlieſslich die Summe bildet oder daſs man gleich die entsprechende der beiden Formeln (106 und (107 benützt, also gleich den stündlichen gesammten Dampfverbrauch pro indicierte Pferdestärke berechnet.

Für die Dampfspannungen p_1, p_w und p_e sind die zugehörigen Dampftemperaturen t_1, t_w und t_e, sowie auch für die Dampfspannungen p_1 und p_2, die zugehörigen Dampfgewichte eines Kubikmeters Dampf σ_1 und σ_2, der Fliegner-Connert'schen Tabelle für gesättigte Wasserdämpfe zu entnehmen.

Insoweit es sich um die Ermittlung des Dampfverbrauches der vorstehend in Betracht gezogenen Dampfmaschinen nach den Tabellen IV bis VI mit den Admissionsdampfspannungen und Füllungsgraden nach den Tabellen IX, XVI, XXIII und XXX handelt, liefert die nachstehende Tabelle XXXVI einen Auszug aus der Fliegner-Connert'schen Tabelle für gesättigte Wasserdämpfe.

Tabelle XXXVI.

Auszug aus der Fliegner-Connert'schen Tabelle für gesättigte Wasserdämpfe.

Absolute Dampfspannung in Atmosph. à 1 kg/cm²	Temperatur des Dampfes in Graden Celsius	Gewicht von 1 m³ Dampf in kg	Absolute Dampfspannung in Atmosph. à 1 kg/cm²	Temperatur des Dampfes in Graden Celsius	Gewicht von 1 m³ Dampf in kg	Absolute Dampfspannung in Atmosph. à 1 kg/cm²	Temperatur des Dampfes in Graden Celsius	Gewicht von 1 m³ Dampf in kg
0,1	45,579	0,0666	3,1	133,913	1,7024	6,1	158,587	3,2131
0,2	59,755	0,1285	3,2	134,999	1,7537	6,2	159,222	3,2623
0,3	68,742	0,1886	3,3	136,057	1,8053	6,3	159,849	3,3120
0,4	75,467	0,2475	3,4	137,090	1,8566	6,4	160,467	3,3610
0,5	80,899	0,3056	3,5	138,099	1,9076	6,5	161,079	3,4103
0,6	85,484	0,3630	3,6	139,085	1,9588	6,6	161,683	3,4598
0,7	89,469	0,4198	3,7	140,049	2,0100	6,7	162,279	3,5084
0,8	93,003	0,4762	3,8	140,992	2,0609	6,8	162,869	3,5583
0,9	96,187	0,5319	3,9	141,915	2,1118	6,9	163,452	3,6071
1,0	99,088	0,5874	4,0	142,820	2,1625	7,0	164,028	3,6559
1,1	101,758	0,6426	4,1	143,707	2,2132	7,1	164,598	3,7047
1,2	104,235	0,6974	4,2	144,576	2,2639	7,2	165,161	3,7547
1,3	106,547	0,7520	4,3	145,429	2,3141	7,3	165,718	3,8033
1,4	108,717	0,8064	4,4	146,266	2,3650	7,4	166,270	3,8516
1,5	110,763	0,8604	4,5	147,088	2,4153	7,5	166,815	3,9012
1,6	112,699	0,9142	4,6	147,895	2,4653	7,6	167,355	3,9489
1,7	114,539	0,9679	4,7	148,689	2,5162	7,7	167,889	3,9979
1,8	116,290	1,0214	4,8	149,469	2,5659	7,8	168,418	4,0464
1,9	117,966	1,0747	4,9	150,236	2,6163	7,9	168,941	4,0961
2,0	119,570	1,1278	5,0	150,991	2,6665	8,0	169,459	4,1437
2,1	121,109	1,1806	5,1	151,734	2,7165	8,1	169,972	4,1923
2,2	122,590	1,2327	5,2	152,465	2,7660	8,2	170,480	4,2421
2,3	124,017	1,2860	5,3	153,185	2,8159	8,3	170,983	4,2894
2,4	125,395	1,3385	5,4	153,895	2,8659	8,4	171,482	4,3378
2,5	126,726	1,3908	5,5	154,594	2,9161	8,5	171,976	4,3872
2,6	128,015	1,4430	5,6	155,282	2,9654	8,6	172,465	4,4359
2,7	129,264	1,4952	5,7	155,961	3,0154	8,7	172,950	4,4836
2,8	130,476	1,5452	5,8	156,631	3,0644	8,8	173,430	4,5324
2,9	131,653	1,5989	5,9	157,292	3,1140	8,9	173,906	4,5801
3,0	132,798	1,6507	6,0	157,944	3,1643	9,0	174,379	4,6289

Für die Ausmittlung des Admissionswinkels ω im Bogenmaße für den Halbmesser gleich der Längeneinheit wurde im Nachstehenden die Formel

$$\omega = arc\,.\,\cos\,.\left(1 - 2\cdot\frac{s_1}{s}\right) \;.\;\;.\;\;.\quad (108$$

benützt, welche unter Vernachlässigung der endlichen Länge der Leitstange, also annähernd sowohl für den Hingang des Kolbens als auch für den Rückgang desselben gilt.

Es ergibt sich nämlich unter dieser Voraussetzung für den Winkel ω im Gradmaße die Formel

$$\cos\,.\,\omega = 1 - \frac{s_1}{\left(\dfrac{s}{2}\right)} = 1 - 2\cdot\frac{s_1}{s} \;\;.\;\;.\quad (109$$

aus welcher der Winkel ω im Gradmaße mit Hilfe einer trigonometrischen Tabelle ermittelt werden kann, und hiefür wird sodann der Winkel ω im Bogenmaße eventuell ebenfalls mit Hilfe einer Bogentabelle berechnet.

Die nachstehende Tabelle XXXVII enthält für die nach der Formel (109 ermittelten Winkel ω in Graden, die für die Formeln (99 bis (107 erforderlichen Bogenlängen ω für den Halbmesser gleich der Längeneinheit und zwar für die ganze Reihe der gebräuchlichen Füllungsgrade von 0,1 bis 0,9.

Tabelle XXXVII.

Bogenlängen der Admissionswinkel ω.

$\dfrac{s_1}{s}$	ω	$\dfrac{s_1}{s}$	ω
0,1	0,643	0,35	1,266
0,125	0,724	0,4	1,369
0,15	0,796	0,5	1,571
0,175	0,863	0,6	1,772
0,2	0,927	0,7	1,982
0,25	1,047	0,8	2,215
0,3	1,159	0,9	2,499

Beispiele der Berechnung des Dampfverbrauches.

Die Anwendung der vorstehenden Formeln für die Berechnung des Dampfverbrauches ist durch die nachstehenden Beispiele erläutert.

1. Beispiel. Es soll der Dampfverbrauch einer kleinen Volldruck-Auspuffmaschine ohne Dampfmantel berechnet werden, für welche folgende Angaben vorliegen oder bereits berechnet wurden:

Kolbendurchmesser (Tabelle IX) $D = 120$ mm $=$
$\quad = 12$ cm $= 0,12$ m

Kolbenhub (Tabelle IX) $s = 240$ mm $= 0,24$ m

Minutliche Umdrehungszahl (Tabelle IX) $n = 140$

Mittlere Kolbengeschwindigkeit $c = 1,12$ m pro
$\quad$ Secunde

Coefficient des schädlichen Raumes $m = 0,07$

Füllungsgrad $\dfrac{s_1}{s} = 0,9$

Kolbenwegverhältnis zu Beginn der Compression

$$\frac{s_2}{s} = 0,94$$

Mittlere absolute Admissionsdampfspannung
$\quad p_1 = 3,5$ at

Mittlere absolute Emissionsdampfspannung
$\quad p_2 = 1,2$ at

Mittlere wirksame Dampfspannung (Tabelle VIII)

$$p_w = 3{,}426 \text{ at}$$

Mittlere entgegengesetzte Dampfspannung (Tabelle VIII) $p_e = 1{,}250$ at

Mittlere indicierte Dampfspannung (Tabelle VIII)

$$p_i = 2{,}176 \text{ at}$$

Admissionswinkel (Tabelle XXXVII) $\omega = 2{,}499$

Indicierte Leistung (Tabelle IX) $N_i = 3{,}608$ PS

Effective Leistung (Tabelle XII) $N_n = 2{,}662$ PS

Wirkungsgrad (Tabelle XIII) $\eta = 0{,}738$.

Für die mittlere absolute Admissionsdampfspannung

$$p_1 = 3{,}5 \text{ at}$$

entnimmt man der Tabelle XXXVI die Temperatur des Dampfes in Graden Celsius

$$t_1 = 138{,}099^0 \text{ C.}$$

Der Wert der mittleren wirksamen Dampfspannung

$$p_w = 3{,}426 \text{ at}$$

und die zugehörige Dampftemperatur t_w sind in der Tabelle XXXVI nicht unmittelbar enthalten, sondern es sind zufolge dieser Tabelle die zunächst gelegenen Werte für die Dampfspannung

$$3{,}4 \text{ und } 3{,}5 \text{ at}$$

und für die zugehörigen Dampftemperaturen

$$137{,}090 \text{ und } 138{,}099^0 \text{ C.}$$

Hiermit ergibt sich durch Interpolation der gesuchte Wert der Temperatur des Dampfes t_w bei der Dampfspannung p_w wie folgt:

Spannungsdifferenz der Tabellenwerte

$$3{,}5 - 3{,}4 = 0{,}1 \text{ at}$$

Temperaturdifferenz der Tabellenwerte
$$138{,}099 - 137{,}090 = 1{,}009^0\,C$$
Temperaturdifferenz für 1 at Spannungsdifferenz
$$1{,}009 : 0{,}1 = 10{,}09^0\,C$$
Spannungsdifferenz zwischen p_w und dem zunächst
gelegenen Tabellenwerte $3{,}426 - 3{,}4 = 0{,}026$ at
Zu letzterer gehörige Temperaturdifferenz
$$10{,}09 \cdot 0{,}026 = 0{,}262^0\,C$$
Gesuchte zu p_w gehörige Dampftemperatur
$$t_w = 137{,}090 + 0{,}262 = 137{,}352^0\,C.$$
In gleicher Weise ergibt sich für die mittlere entgegengesetzte Dampfspannung
$$p_e = 1{,}250 \text{ at}$$
durch Interpolation aus den zunächst gelegenen Tabellenwerten für die Dampfspannung
$$1{,}2 \text{ und } 1{,}3 \text{ at}$$
und für die zugehörige Temperatur
$$104{,}235 \text{ und } 106{,}547^0\,C$$
die gesuchte Dampftemperatur
$$t_e = 105{,}391^0\,C.$$
Aus diesen Werten von t_w und t_e ergibt sich nunmehr die mittlere Dampftemperatur
$$t_m = \tfrac{1}{2} \cdot (t_w + t_e) = \tfrac{1}{2} \cdot (137{,}352 + 105{,}391) = 121{,}371^0 C$$
und sonach die Temperaturdifferenz
$$t_1 - t_m = 138{,}099 - 121{,}371 = 16{,}728^0\,C.$$
Es sind nun noch die Dampfgewichte σ_1 und σ_2 zu ermitteln. Hierzu dient wieder die Tabelle **XXXVI** und zwar beträgt hiernach für die Dampfspannung
$$p_1 = 3{,}5 \text{ at}$$
das Gewicht von 1 m³ Dampf
$$\sigma_1 = 1{,}9076 \text{ kg}$$

und für die Dampfspannung

$$p_2 = 1,2 \text{ at}$$

wieder das Gewicht von 1 m³ Dámpf

$$\sigma_2 = 0,6974 \text{ kg}.$$

Hiermit sind alle für die Berechnung des Dampfverbrauches nach den Formeln (98 bis (107 erforderlichen Gröfsen bestimmt.

Es ergibt nun die Formel (98 den stündlichen nutzbaren Dampfverbrauch in Kilogramm pro indicierte Pferdestärke

$$S_i' = \frac{27}{p_i} \cdot \left[\left(\frac{s_1}{s} + m\right) . \sigma_1 - 1,1 . \left(1 - \frac{s_2}{s} + m\right) . \sigma_2 \right] =$$

$$= \frac{27}{2,176} \cdot [(0,9 + 0,07) . 1,9076 - 1,1 . (1 - 0,94 +$$

$$+ 0,07) . 0,6974] = \frac{27}{2,176} \cdot [1,8504 - 0,0997] =$$

$$= \frac{27 . 1,7507}{2,176} = 21,723 \text{ kg},$$

ferner ergibt die Formel (99 den stündlichen Abkühlungsverlust in Kilogramm pro indicierte Pferdestärke

$$S_i'' = \frac{0,2 . p_1 . \sqrt{\omega . (t_1 - t_m)}}{p_i . \sqrt{s . c}} \cdot \left[1 + \frac{s}{D} \cdot \left(\frac{s_1}{s} + 4 . m\right) \right] =$$

$$= \frac{0,2 . 3,5 . \sqrt{2,499 . 16,728}}{2,176 . \sqrt{0,24 . 1,12}} \cdot [1 + 2 . (0,9 + 4 . 0,07)] =$$

$$= \frac{0,7 . 6,4655}{2,176 . 0,5184} \cdot 3,36 = \frac{15,2069}{1,1283} = 13,480 \text{ kg},$$

dagegen ergibt die Formel (100 diesen stündlichen Abkühlungsverlust in Kilogramm pro indicierte Pferdestärke

$$S_i'' = \frac{0{,}2 \cdot p_1 \cdot \sqrt{\omega} \cdot (t_1 - t_m)}{p_i \cdot \sqrt{c}} \cdot \left[1 + \frac{s}{D} \cdot \left(\frac{s_1}{s} + 4 \cdot m\right) \right] =$$

$$= 13{,}480 \cdot \sqrt{s} = 13{,}480 \cdot \sqrt{0{,}24} = 13{,}480 \cdot 0{,}490 =$$
$$= 6{,}605 \text{ kg},$$

und wenn man im Hinblick auf die Bemerkung zu
den Formeln (99 und (100, weil hier der Kolbenhub
sehr klein ist, 0,8 vom Mittelwerte annimmt, so erhält
man schliefslich

$$S_i'' = 0{,}8 \cdot \tfrac{1}{2} \cdot (13{,}480 + 6{,}605) = 0{,}8 \cdot 10{,}042 =$$
$$= 8{,}040 \text{ kg}$$

als den wahrscheinlichsten Betrag des stündlichen
Abkühlungsverlustes in Kilogramm pro indicierte
Pferdestärke, welcher auch mit Zuhilfenahme der
Formel (101 direct berechnet werden kann.

Endlich ergibt die Formel (105 den stündlichen
Dampflässigkeitsverlust in Kilogramm pro
indicierte Pferdestärke

$$S_i''' = \frac{4{,}4}{\sqrt{c \cdot N_i}} + \frac{1}{4 \cdot c} + 0{,}15 = \frac{4{,}4}{\sqrt{1{,}12 \cdot 3{,}608}} +$$

$$+ \frac{1}{4 \cdot 1{,}12} + 0{,}15 = 2{,}189 + 0{,}223 + 0{,}15 = 2{,}562 \text{ kg}.$$

Es betragen sonach die einzelnen Theile des
stündlichen Dampfverbrauches in Kilogramm
pro indicierte Pferdestärke bei der in Betracht
stehenden Maschine

$$S_i' = 21{,}723 \text{ kg}$$
$$S_i'' = 8{,}040 \text{ kg}$$
$$S_i''' = 2{,}562 \text{ kg},$$

und hiermit erhält man den stündlichen gesammten
Dampfverbrauch in Kilogramm pro indicierte
Pferdestärke nach der Formel (93

$$S_i = S_i{}' + S_i{}'' + S_i{}''' = 21{,}723 + 8{,}040 + 2{,}562 =$$
$$= 32{,}325 \text{ kg}$$

und nach der Formel (95 den stündlichen gesammten Dampfverbrauch in Kilogramm pro effective Pferdestärke

$$S_n = \frac{1}{\eta} \cdot S_i = \frac{1}{0{,}738} \cdot 32{,}325 = 43{,}801 \text{ kg}.$$

Rechnet man hierzu rund $5^0/_0$ Leitungscondensat, nämlich $5^0/_0$ Zuwachs für die Condensation des Dampfes in der Dampfrohrleitung vom Dampfkessel bis zur Dampfmaschine, so erhält man

$$S_i = 1{,}05 \cdot 32{,}325 = 33{,}941 \text{ kg}$$
$$S_n = 1{,}05 \cdot 43{,}801 = 45{,}991 \text{ kg}.$$

2. Beispiel. Es soll der Dampfverbrauch der im vorstehenden Beispiele in Betracht gezogenen kleinen Volldruckmaschine ohne Dampfmantel, unter sonst gleichen Verhältnissen, jedoch für die höchste in der Tabelle IX für dieselbe angegebene mittlere absolute Admissionsdampfspannung

$$p_1 = 6 \text{ at}$$

berechnet werden, um die Abnahme des stündlichen gesammten Dampfverbrauches in Kilogramm pro indicierte und effective Pferdestärke bei zunehmender Admissionsdampfspannung zu erläutern.

Es gelten demnach für diesen Fall folgende Angaben hinsichtlich der Berechnung des Dampfverbrauches:

Kolbendurchmesser $D = 120$ mm $= 12$ cm $= 0{,}12$ m

Kolbenhub . . . . $s = 240$ mm $= 0{,}24$ m

Minutliche Umdrehungszahl . . . . . $n = 140$

Mittlere Kolbengeschwindigkeit   . $c = 1{,}12$ m pro
    Secunde

Coefficient des schädlichen Raumes . . $m = 0{,}07$

Füllungsgrad . . . . $\dfrac{s_1}{s} = 0{,}9$

Kolbenwegverhältnis zu Beginn der Compression
$$\frac{s_2}{s} = 0{,}94$$

Mittlere absolute Admissionsdampfspannung $p_1 = 6$ at

Mittlere absolute Emissionsdampfspannung $p_2 = 1{,}2$ at

Mittlere wirksame Dampfspannung (Tabelle VIII)
    $p_w = 5{,}860$ at

Mittlere entgegengesetzte Dampfspannung (Tabelle
    VIII) . . . . $p_e = 1{,}252$ at

Mittlere indicierte Dampfspannung (Tabelle VIII)
    $p_i = 4{,}608$ at

Admissionswinkel (Tabelle XXXVII) . $\omega = 2{,}499$

Indicierte Leistung (Tabelle IX) . $N_i = 7{,}640$ PS

Effective Leistung (Tabelle XII) . $N_n = 6{,}093$ PS

Wirkungsgrad (Tabelle XIII) . . . $\eta = 0{,}797$

Aus der Tabelle XXXVI erhält man für die mittlere absolute Admissionsdampfspannung
$$p_1 = 6 \text{ at}$$
die Temperatur des Dampfes in Graden Celsius
$$t_1 = 157{,}944^{0}\,\text{C},$$
ferner erhält man vermittels der zunächst gelegenen Tabellenwerte durch Interpolation für die mittlere wirksame Dampfspannung
$$p_w = 5{,}860 \text{ at}$$

die zugehörige Dampftemperatur
$$t_w = 157,028^0\,C$$
und ebenso für die mittlere entgegengesetzte Dampfspannung
$$p_e = 1,252\ \text{at}$$
die zugehörige Dampftemperatur
$$t_e = 105,417^0\,C,$$
demnach ergibt sich die mittlere Dampftemperatur
$$t_m = \tfrac{1}{2}\cdot(t_w + t_e) = \tfrac{1}{2}\cdot(157,028 + 105,417) = 131,222^0\,C$$
und sonach die Temperatursdifferenz
$$t_1 - t_m = 157,944 - 131,222 = 26,722^0\,C.$$

Ferner entnimmt man aus der Tabelle XXXVI
für die Dampfspannung
$$p_1 = 6\ \text{at}$$
das Dampfgewicht von $1\,m^3$ Dampf in Kilogramm
$$\sigma_1 = 3,1643$$
und für die Dampfspannung
$$p_2 = 1,2\ \text{at}$$
das zugehörige Dampfgewicht von $1\,m^3$ Dampf in
Kilogramm
$$\sigma_2 = 0,6974.$$

Es ergibt nun die Substitution in die Formel (98
den **stündlichen nutzbaren Dampfverbrauch
in Kilogramm pro indicierte Pferdestärke**

$$S_i' = \frac{27}{p_i}\cdot\left[\left(\frac{s_1}{s} + m\right).\sigma_1 - 1,1.\left(1 - \frac{s_2}{s} + m\right).\sigma_2\right] =$$

$$= \frac{27}{4,608}\cdot[(0,9 + 0,07).3,1643 - 1,1.(1 - 0,94 +$$

$$+ 0,07).0,6974] = \frac{27}{4,608}\cdot[3,0694 - 0,0997] =$$

$$= \frac{27.2,9697}{4,608} = 17,400\ \text{kg},$$

ferner ergibt die Substitution in die Formel (99 den stündlichen Abkühlungsverlust in Kilogramm pro indicierte Pferdestärke

$$S_i'' = \frac{0{,}2 \cdot p_1 \cdot \sqrt{\omega \cdot (t_1 - t_m)}}{p_i \cdot \sqrt{s \cdot c}}\left[1 + \frac{s}{D}\cdot(\frac{s_1}{s} + 4\cdot m)\right] =$$

$$= \frac{0{,}2 \cdot 6 \cdot \sqrt{2{,}499 \cdot 26{,}722}}{4{,}608 \cdot \sqrt{0{,}24 \cdot 1{,}12}}\cdot[1 + 2\cdot(0{,}9 + 4\cdot 0{,}07)] =$$

$$= \frac{1{,}2 \cdot 8{,}172}{4{,}608 \cdot 0{,}5184}\cdot 3{,}36 = \frac{32{,}9495}{2{,}3888} = 13{,}793 \text{ kg}$$

dagegen ergibt die Formel (100 hiefür

$$S_i'' = 13{,}793 \cdot \sqrt{s} = 13{,}793 \cdot \sqrt{0{,}24} = 13{,}793 \cdot 0{,}490 =$$
$$= 6{,}759 \text{ kg}$$

und man erhält sohin im Hinblick auf den sehr kleinen Kolbenhub, als den wahrscheinlichsten Betrag dieses Abkühlungsverlustes

$$S_i'' = 0{,}8 \cdot \tfrac{1}{2} \cdot (13{,}793 + 6{,}759) = 0{,}8 \cdot 10{,}276 = 8{,}220 \text{ kg.}$$

Schliefslich ergibt die Substitution in die Formel (105 den stündlichen Dampflässigkeitsverlust in Kilogramm pro indicierte Pferdestärke

$$S_i''' = \frac{4{,}4}{\sqrt{c \cdot N_i}} + \frac{1}{4 \cdot c} + 0{,}15 = \frac{4{,}4}{\sqrt{1{,}12 \cdot 7{,}640}} +$$

$$+ \frac{1}{4 \cdot 1{,}12} + 0{,}15 = \frac{4{,}4}{2{,}925} + 0{,}223 + 0{,}15 =$$

$$= 1{,}504 + 0{,}223 + 0{,}15 = 1{,}877 \text{ kg.}$$

Es betragen mithin die einzelnen Theile des stündlichen Dampfverbrauches in Kilogramm pro indicierte Pferdestärke

$$S_i' = 17{,}400 \text{ kg}$$
$$S_i'' = 8{,}220 \text{ kg}$$
$$S_i''' = 1{,}877 \text{ kg}$$

und es wird sonach der stündliche gesammte Dampfverbrauch in Kilogramm pro indicierte Pferdestärke nach der Formel (93

$$S_i = S_i' + S_i'' + S_i''' = 17{,}400 + 8{,}220 + 1{,}877 =$$
$$= 27{,}497 \text{ kg} \ .$$

Endlich erhält man unter Berücksichtigung des Wirkungsgrades den stündlichen gesammten Dampfverbrauch in Kilogramm pro effective Pferdestärke nach der Formel (95

$$S_n = \frac{1}{\eta} \cdot S_i = \frac{1}{0{,}797} \cdot 27{,}497 = 34{,}500 \ \text{kg} \ .$$

Rechnet man hierzu wieder rund $5^0/_0$ Leitungscondensat, nämlich $5^0/_0$ Zuwachs für die Condensation des Dampfes in der Dampfrohrleitung, so erhält man

$$S_i = 1{,}05 \ . \ 27{,}497 = 28{,}872 \ \text{kg}$$
und
$$S_n = 1{,}05 \ . \ 34{,}500 = 36{,}225 \ \text{kg} \ .$$

3. Beispiel. Es ist der Dampfverbrauch einer Auspuff-Dampfmaschine mit Expansions-Schiebersteuerung, ohne Dampfmantel, zu berechnen, für welche nachstehende Dimensionen und sonstige Verhältnisse gegeben sind:

Kolbendurchmesser (Tabelle XVI) $D = 250$ mm $=$
$\quad = 25$ cm $= 0{,}25$ m

Kolbenhub (Tabelle XVI) . $s = 500$ mm $= 0{,}5$ m

Minutliche Umdrehungszahl (Tabelle XVI) $n = 90$

Mittlere Kolbengeschwindigkeit . $c = 1{,}5$ m pro
$\quad$ Secunde

Coefficient des schädlichen Raumes . . $m = 0{,}05$

Füllungsgrad . . . . $\dfrac{s_1}{s} = 0{,}3$

Kolbenwegverhältnis zu Beginn der Compression

$$\frac{s_2}{s} = 0,94$$

Mittlere absolute Admissionsdampfspannung $p_1 = 5$ at

Mittlere absolute Emissionsdampfspannung

$$p_2 = 1,15 \text{ at}$$

Mittlere wirksame Dampfspannung (Tabelle XV)

$$p_w = 3,242 \text{ at}$$

Mittlere entgegengesetzte Dampfspannung (Tabelle XV) . . . . $p_e = 1,203$ at

Mittlere indicierte Dampfspannung (Tabelle XV)

$$p_i = 2,039 \text{ at}$$

Admissionswinkel (Tabelle XXXVII) . $\omega = 1,159$

Indicierte Leistung (Tabelle XVI) $N_i = 19,371$ PS

Effective Leistung (Tabelle XIX) $N_n = 15,220$ PS

Wirkungsgrad (Tabelle XX). . . . $\eta = 0,786$.

Für die mittlere absolute Admissionsdampfspannung

$$p_1 = 5 \text{ at}$$

erhält man zufolge der Tabelle XXXVI, die Temperatur des Dampfes in Graden Celsius

$$t_1 = 150,991^0 \, C$$

und nach derselben Tabelle für die mittlere wirksame Dampfspannung

$$p_w = 3,242 \text{ at}$$

die zunächst gelegenen Werte der Dampfspannung

$$3,2 \text{ und } 3,3 \text{ at,}$$

sowie die zugehörigen Dampftemperaturen

$$134,999 \text{ und } 136,057^0 \, C,$$

aus welchen sich durch Interpolation, auf gleiche Art wie im vorstehenden 1. Beispiele, die zu p_w gehörige Dampftemperatur

$$t_w = 135,443^0 \, C$$

ergibt. Ebenso erhält man die zur mittleren entgegengesetzten Dampfspannung

$$p_e = 1{,}203 \text{ at}$$

durch Interpolation aus den zunächst gelegenen Werten der Tabelle XXXVI, für die Dampfspannung, nämlich

$$1{,}2 \text{ und } 1{,}3 \text{ at}$$

aus den zugehörigen Dampftemperaturen

$$104{,}235 \text{ und } 106{,}547^0 \text{C}$$

die gesuchte zu p_e gehörige Dampftemperatur

$$t_e = 104{,}304^0 \text{C} .$$

Aus den beiden Werten für t_w und t_e ergibt sich die mittlere Dampftemperatur

$$t_m = \tfrac{1}{2} \cdot (t_w + t_e) = \tfrac{1}{2} \cdot (135{,}443 + 104{,}304) = 119{,}873^0 \text{C}$$

und es wird mithin die Temperatursdifferenz

$$t_1 - t_m = 150{,}991 - 119{,}873 = 31{,}118^0 \text{C} .$$

Die Tabelle XXXVI ergibt ferner für die Dampfspannung

$$p_1 = 5 \text{ at}$$

das Dampfgewicht eines Kubikmeters Dampf in Kilogramm

$$\sigma_1 = 2{,}6665 \text{ kg}$$

und für die Dampfspannung

$$p_2 = 1{,}15 \text{ at}$$

das zugehörige Dampfgewicht für einen Kubikmeter Dampf durch Interpolation

$$\sigma_2 = 0{,}6700 \text{ kg} .$$

Vorstehend sind nunmehr alle Größen bestimmt, welche zur Berechnung des Dampfverbrauches nach den Formeln (98 bis (107 erforderlich sind, und es kann nun diese Berechnung selbst durchgeführt werden.

Zunächst ergibt die Formel (98 den stündlichen nutzbaren Dampfverbrauch in Kilogramm pro indicierte Pferdestärke, nämlich

$$S_i' = \frac{27}{p_i} \cdot \left[\left(\frac{s_1}{s} + m\right) \cdot \sigma_1 - 1{,}1 \cdot \left(1 - \frac{s_2}{s} + m\right) \cdot \sigma_2 \right] =$$

$$= \frac{27}{2{,}039} \cdot \left[(0{,}3 + 0{,}05) \cdot 2{,}6665 - 1{,}1 \cdot (1 - 0{,}94 + \right.$$

$$+ 0{,}05) \cdot 0{,}6700 \right] = \frac{27}{2{,}039} \cdot (0{,}9333 - 0{,}0811) =$$

$$= \frac{27 \cdot 0{,}8522}{2{,}039} = 11{,}285 \ \text{kg} \,.$$

Ferner ergibt die Formel (99 den stündlichen Abkühlungsverlust in Kilogramm pro indicierte Pferdestärke

$$S_i'' = \frac{0{,}2 \cdot p_1 \cdot \sqrt{\omega \cdot (t_1 - t_m)}}{p_i \cdot \sqrt{s \cdot c}} \cdot \left[1 + \frac{s}{D} \cdot \left(\frac{s_1}{s} + 4 \cdot m\right) \right] =$$

$$= \frac{0{,}2 \cdot 5 \cdot \sqrt{1{,}159 \cdot 31{,}118}}{2{,}039 \cdot \sqrt{0{,}5 \cdot 1{,}5}} \cdot \left[1 + 2 \cdot (0{,}3 + 4 \cdot 0{,}05) \right] =$$

$$= \frac{6{,}0055 \cdot 2}{2{,}039 \cdot 0{,}866} = \frac{12{,}011}{1{,}766} = 6{,}801 \ \text{kg} \,.$$

Dagegen ergibt die Formel (100 diesen stündlichen Abkühlungsverlust in Kilogramm pro indicierte Pferdestärke

$$S_i'' = \frac{0{,}2 \cdot p_1 \cdot \sqrt{\omega \cdot (t_1 - t_m)}}{p_i \cdot \sqrt{c}} \cdot \left[1 + \frac{s}{D} \cdot \left(\frac{s_1}{s} + 4 \cdot m\right) \right] =$$

$$= 6{,}801 \cdot \sqrt{s} = 6{,}801 \cdot \sqrt{0{,}5} = 4{,}809 \ \text{kg} \,.$$

Wenn man nun im Hinblick auf die Bemerkung zu den Formeln (99 und (100, wegen des ebenfalls noch ziemlich kleinen Kolbenhubes, wieder einen Mittelwert annimmt, so erhält man schließlich als den

wahrscheinlichsten Betrag des stündlichen Abkühlungsverlustes in Kilogramm pro indicierte Pferdestärke

$$S_i'' = \tfrac{1}{2} \cdot (6{,}801 + 4{,}809) = 5{,}805 \text{ kg}.$$

Die Formel (105 ergibt den stündlichen Dampflässigkeitsverlust in Kilogramm pro indicierte
Pferdestärke, nämlich

$$S_i''' = \frac{4{,}4}{\sqrt{c \cdot N_i}} + \frac{1}{4 \cdot c} + 0{,}15 = \frac{4{,}4}{\sqrt{1{,}5 \cdot 19{,}371}} +$$

$$+ \frac{1}{4 \cdot 1{,}5} + 0{,}15 = 0{,}816 + 0{,}167 + 0{,}15 = 1{,}133 \text{ kg}.$$

Die einzelnen Theile des stündlichen Dampfverbrauches in Kilogramm pro indicierte Pferdestärke
sind somit

$$S_i' \ \ = 11{,}285 \text{ kg}$$
$$S_i'' \ = \ \ 5{,}805 \text{ kg}$$
$$S_i''' = \ \ 1{,}133 \text{ kg}$$

und es beträgt hiernach der stündliche gesammte
Dampfverbrauch in Kilogramm pro indicierte
Pferdestärke zufolge der Formel (93

$$S_i = S_i' + S_i'' + S_i''' = 11{,}285 + 5{,}805 + 1{,}133 =$$
$$= 18{,}223 \text{ kg}$$

und der stündliche gesammte Dampfverbrauch
in Kilogramm pro effective Pferdestärke nach
der Formel (95

$$S_n = \frac{1}{\eta} \cdot S_i = \frac{1}{0{,}786} \cdot 18{,}223 = 23{,}185 \text{ kg}.$$

Rechnet man hierzu wieder rund $5\,^0/_0$ Zuwachs
durch die Condensation des Dampfes in der
Dampfrohrleitung vom Dampfkessel zur Dampfmaschine, so erhält man schließlich

$$S_i = 1{,}05 \cdot 18{,}223 = 19{,}134 \text{ kg}$$
$$S_n = 1{,}05 \cdot 23{,}185 = 24{,}344 \text{ kg}.$$

4. Beispiel. Im vorstehenden 3. Beispiele ist der Dampfverbrauch berechnet, welcher sich ergibt, wenn die Dampfmaschine mit den in Betracht gezogenen Dimensionen bei der niedrigsten, in den Tabellen XVI und XIX angegebenen mittleren absoluten Admissionsdampfspannung arbeitet. Dagegen ist im Folgenden der Dampfverbrauch der Maschine mit den gleichen Hauptdimensionen für die gröfste in den genannten Tabellen enthaltene mittlere absolute Admissionsdampfspannung

$$p_1 = 6{,}5 \text{ at}$$

und für den zugehörigen beiläufigen ökonomisch günstigsten Füllungsgrad

$$\frac{s_1}{s} = 0{,}25$$

berechnet. Der Vergleich beider Rechnungsergebnisse zeigt sowohl den Einflufs der höheren Admissionsdampfspannung als auch jenen des kleineren Füllungsgrades auf die Herabminderung des Dampfverbrauches.

In diesem Falle kommen nachstehende Gröfsen für die Berechnung des Dampfverbrauches in Betracht:

Kolbendurchmesser $D = 250\,\text{mm} = 25\,\text{cm} = 0{,}25\,\text{m}$

Kolbenhub . . . . $s = 500\,\text{mm} = 0{,}5\,\text{m}$

Minutliche Umdrehungszahl . . . . . $n = 90$

Mittlere Kolbengeschwindigkeit . $c = 1{,}5\,\text{m}$ pro Secunde

Coefficient des schädlichen Raumes . . $m = 0{,}05$

Füllungsgrad . . . . $\dfrac{s_1}{s} = 0{,}25$

Kolbenwegverhältnis zu Beginn der Compression

$$\frac{s_2}{s} = 0,94$$

Mittlere absolute Admissionsdampfspannung

$$p_1 = 6,5 \text{ at}$$

Mittlere absolute Emissionsdampfspannung

$$p_2 = 1,15 \text{ at}$$

Mittlere wirksame Dampfspannung (Tabelle XV)

$$p_w = 3,828 \text{ at}$$

Mittlere entgegengesetzte Dampfspannung (Tabelle XV) . . . . $p_e = 1,205$ at

Mittlere indicierte Dampfspannung (Tabelle XV)

$$p_i = 2,623 \text{ at}$$

Admissionswinkel (Tabelle XXXVII) . $\omega = 1,047$

Indicierte Leistung (Tabelle XVI) $N_i = 24,919$ PS

Effective Leistung (Tabelle XIX) $N_n = 20,016$ PS

Wirkungsgrad (Tabelle XX) . . . . . $\eta = 0,803$

Aus der Tabelle XXXVI erhält man für die zugehörigen Dampfspannungen die Dampftemperaturen in gleichem Vorgange wie in den vorstehenden Beispielen, und zwar für $p_1 = 6,5$ at

$$t_1 = 161,079^0 \text{ C},$$

sodann für $p_w = 3,828$ at

$$t_w = 141,250^0 \text{ C}$$

und endlich für $p_e = 1,205$ at

$$t_e = 104,351^0 \text{ C}$$

daher ergibt sich die mittlere Dampftemperatur

$$t_m = {}^1/_2 \cdot (t_w + t_e) = 122,800^0 \text{ C},$$

und die Temperatursdifferenz

$$t_1 - t_m = 38,279^0 \text{ C} .$$

Man erhält ferner aus der Tabelle XXXVI für die Dampfspannung $p_1 = 6,5$ at, das Dampfgewicht

$$\sigma_1 = 3{,}4103 \text{ kg}$$

und für die Dampfspannung $p_2 = 1{,}15$ at, das Dampfgewicht

$$\sigma_2 = 0{,}6700 \text{ kg} .$$

Es ergibt nun die Formel (98 den stündlichen
nutzbaren Dampfverbrauch in Kilogramm pro
indicierte Pferdestärke

$$S_i' = \frac{27}{p_i} \cdot \left[\left(\frac{s_1}{s} + m \right) . \sigma_1 - 1{,}1 . \left(1 - \frac{s_2}{s} + m \right) . \sigma_2 \right] =$$

$$= \frac{27}{2{,}623} \cdot [(0{,}25 + 0{,}05) . 3{,}4103 - 1{,}1 . (1 - 0{,}94 +$$

$$+ 0{,}05) . 0{,}6700] = \frac{27}{2{,}623} \cdot (1{,}0231 - 0{,}0811) =$$

$$= \frac{27 . 0{,}942}{2{,}623} = 9{,}697 \text{ kg} .$$

Die Formel (101 ergibt direct den wahrscheinlichsten Wert des stündlichen Abkühlungsverlustes in Kilogramm pro indicierte Pferdestärke,
nämlich

$$S_i'' = \frac{0{,}1 . (1 + \sqrt{s}) . p_1 . \sqrt{\omega . (t_1 - t_m)}}{p_i . \sqrt{s . c}} \cdot \left[1 + \frac{s}{D} \cdot \left(\frac{s_1}{s} + \right. \right.$$

$$+ 4 . m \bigg) \bigg] = \frac{0{,}1 . (1 + \sqrt{0{,}5}) . 6{,}5 . \sqrt{1{,}047 . 38{,}279}}{2{,}623 . \sqrt{0{,}5 . 1{,}5}} \cdot [1 +$$

$$+ 2 . (0{,}25 + 4 . 0{,}05)] = \frac{0{,}1 . 1{,}707 . 6{,}5 . 6{,}331 . 1{,}9}{2{,}623 . 0{,}866} =$$

$$= 5{,}875 \text{ kg} .$$

Der stündliche Dampflässigkeitsverlust in Kilogramm pro indicierte Pferdestärke beträgt zufolge
der Formel (105

$$S_i''' = \frac{4,4}{\sqrt{c \cdot N_i}} + \frac{1}{4 \cdot c} + 0,15 = \frac{4,4}{\sqrt{1,5 \cdot 24,919}} +$$

$$+ \frac{1}{4 \cdot 1,5} + 0,15 = 0,720 + 0,167 + 0,15 = 1,037 \,\text{kg}.$$

Es betragen also die einzelnen Theile des Dampf-verbrauches

$$S_i' \ = 9,697 \ \text{kg}$$
$$S_i'' = 5,875 \ \text{kg}$$
$$S_i''' = 1,037 \ \text{kg}$$

und hiermit ergibt sich der stündliche gesammte Dampfverbrauch in Kilogramm pro indicierte Pferdestärke nach der Formel (93

$$S_i = S_i' + S_i'' + S_i''' = 9,697 + 5,875 + 1,037 =$$
$$= 16,609 \ \text{kg},$$

und ferner nach der Formel (95 der stündliche gesammte Dampfverbrauch in Kilogramm pro effective Pferdestärke

$$S_n = \frac{1}{\eta} \cdot S_i = \frac{1}{0,803} \cdot 16,609 = 20,683 \ \text{kg}.$$

Unter der Voraussetzung von $5\,^0/_0$ Zuwachs durch die Condensation des Dampfes in der Dampfrohrleitung vom Dampfkessel zur Dampf-maschine erhält man schliefslich

$$S_i = 1,05 \cdot 16,609 = 17,439 \ \text{kg}$$
$$S_n = 1,05 \cdot 20,683 = 21,717 \ \text{kg}.$$

5. Beispiel. Es ist der Dampfverbrauch einer Condensationsdampfmaschine mit Expansions-Schieber-steuerung und Dampfmantel mit den nachstehenden, den Tabellen V, beziehungsweise XXIII und XXVI entnommenen Dimensionen und sonstigen Verhält-nissen zu berechnen, und zwar:

Kolbendurchmesser (Tabelle XXIII) $D = 350\,\mathrm{mm} =$
$= 35\,\mathrm{cm} = 0,35\,\mathrm{m}$

Kolbenhub (Tabelle XXIII) $s = 700\,\mathrm{mm} = 0,7\,\mathrm{m}$

Minutliche Umdrehungszahl (Tabelle XXIII) $n = 72$

Mittlere Kolbengeschwindigkeit . $c = 1,68\,\mathrm{m}$ pro
Secunde

Coefficient des schädlichen Raumes . $m = 0,04$

Füllungsgrad . . . . $\dfrac{s_1}{s} = 0,15$

Kolbenwegverhältnis zu Beginn der Compression

$$\frac{s_2}{s} = 0,94$$

Mittlere absolute Admissionsdampfspannung
$p_1 = 5$ at

Mittlere absolute Emissionsdampfspannung
$p_2 = 0,22$ at

Mittlere wirksame Dampfspannung (Tabelle XXII)
$p_w = 2,315$ at

Mittlere entgegengesetzte Dampfspannung (Tabelle
XXII) . . . . $p_e = 0,233$ at

Mittlere indicierte Dampfspannung (Tabelle XXII)
$p_i = 2,082$ at

Admissionswinkel (Tabelle XXXVII) . $\omega = 0,796$

Indicierte Leistung (Tabelle XXIII) $N_i = 43,549\,\mathrm{PS}$

Effective Leistung (Tabelle XXVI) $N_n = 33,363\,\mathrm{PS}$

Wirkungsgrad (Tabelle XXVII) . . . $\eta = 0,766$.

Aus der Tabelle XXXVI entnimmt man für die
mittlere absolute Admissionsdampfspannung
$$p_1 = 5 \text{ at}$$
die zugehörige Temperatur des Dampfes
$$t_1 = 150,991^{\circ}\,\mathrm{C}.$$
Ferner für die mittlere wirksame Dampfspannung

$$p_w = 2{,}315 \text{ at}$$

die zugehörige Dampftemperatur, durch Interpolation,

$$t_w = 124{,}224^0 \text{ C}$$

und für die mittlere entgegengesetzte Dampfspannung

$$p_e = 0{,}233 \text{ at}$$

die zugehörige Dampftemperatur, ebenfalls durch Interpolation

$$t_e = 62{,}721^0 \text{ C} .$$

Hiermit erhält man die mittlere Dampftemperatur

$$t_m = \tfrac{1}{2} \cdot (t_w + t_e) = \tfrac{1}{2} \cdot (124{,}224 + 62{,}721) = 93{,}472^0 \text{ C},$$

und somit die Temperatursdifferenz

$$t_1 - t_m = 150{,}991 - 93{,}472 = 57{,}519^0 \text{ C} .$$

Aus der Tabelle XXXVI erhält man ferner für die mittlere absolute Admissionsdampfspannung

$$p_1 = 5 \text{ at}$$

das Dampfgewicht pro Kubikmeter

$$\sigma_1 = 2{,}6665 \text{ kg}$$

und für die mittlere absolute Emissionsdampfspannung

$$p_2 = 0{,}22 \text{ at}$$

durch Interpolation das Dampfgewicht pro Kubikmeter

$$\sigma_2 = 0{,}1405 \text{ kg} .$$

Hiermit erhält man nach der Formel (98 den **stündlichen nutzbaren Dampfverbrauch in Kilogramm pro indicierte Pferdestärke**

$$S_i' = \frac{27}{p_i} \cdot \left[\left(\frac{s_1}{s} + m \right) . \sigma_1 - 1{,}1 . \left(1 - \frac{s_2}{s} + m \right) . \sigma_2 \right] =$$

$$= \frac{27}{2{,}082} \cdot \left[(0{,}15 + 0{,}04) . 2{,}6665 - 1{,}1 . (1 - 0{,}94 + \right.$$

$$\left. + 0{,}04) . 0{,}1405 \right] = \frac{27}{2{,}082} \cdot (0{,}50664 - 0{,}01546) =$$

$$= \frac{27 . 0{,}4912}{2{,}082} = 6{,}370 \text{ kg} .$$

Ferner erhält man, weil die Maschine mit Dampfmantel ausgeführt wird, nach der Formel (102 den stündlichen Abkühlungsverlust in Kilogramm pro indicierte Pferdestärke

$$S_i'' = \frac{0,25 \cdot \sqrt{p_1{}^3} \cdot \sqrt[4]{\omega} \cdot (t_1 - t_m)}{p_i \cdot \sqrt{s \cdot c}} \cdot \left[1 + \frac{s}{D} \cdot \left(\frac{s_1}{s} + 4 \cdot m\right) \right] =$$

$$= \frac{0,25 \cdot \sqrt{5^3} \cdot \sqrt[4]{0,796} \cdot 57,519}{2,082 \cdot \sqrt{0,7 \cdot 1,68}} \cdot \left[1 + 2 \cdot (0,15 + \right.$$

$$\left. + 4 \cdot 0,04) \right] = \frac{0,25 \cdot 3,3437 \cdot 6,7665 \cdot 1,62}{2,082 \cdot 1,0844} = 4,059 \, \text{kg}$$

und andererseits nach der Formel (103

$$S_i'' = \frac{0,25 \cdot \sqrt{p_1{}^3} \cdot \sqrt[4]{\omega} \cdot (t_1 - t_m)}{p_i \cdot \sqrt{c}} \cdot \left[1 + \frac{s}{D} \cdot \left(\frac{s_1}{s} + 4 \cdot m\right) \right] =$$

$$= 4,059 \cdot \sqrt{s} = 4,059 \cdot \sqrt{0,7} = 4,059 \cdot 0,8367 =$$

$$= 3,396 \, \text{kg},$$

und wenn ferner auch in diesem Falle der Mittelwert genommen wird, so ergibt sich schliefslich der durch die Formel (104 unmittelbar zu berechnende Wert

$$S_i'' = \tfrac{1}{2} \cdot (4,059 + 3,396) = 3,728 \, \text{kg} .$$

Der stündliche Dampfflässigkeitsverlust in Kilogramm pro indicierte Pferdestärke wird wieder nach der Formel (105 berechnet, und man erhält hiernach

$$S_i''' = \frac{4,4}{\sqrt{c \cdot N_i}} + \frac{1}{4 \cdot c} + 0,15 = \frac{4,4}{\sqrt{1,68 \cdot 43,549}} +$$

$$+ \frac{1}{4 \cdot 1,68} + 0,15 = 0,514 + 0,149 + 0,15 = 0,813 \, \text{kg} .$$

Es sind sonach die einzelnen Theile des Dampfverbrauches in Kilogramm pro indicierte Pferdestärke

$$S_i' = 6{,}370 \text{ kg}$$
$$S_i'' = 3{,}728 \text{ kg}$$
$$S_i''' = 0{,}813 \text{ kg}$$

und somit beträgt der stündliche gesammte
Dampfverbrauch in Kilogramm pro indicierte
Pferdestärke nach der Formel (93

$$S_i = S_i' + S_i'' + S_i''' = 6{,}370 + 3{,}728 + 0{,}813 =$$
$$= 10{,}911 \text{ kg}$$

und es ist ferner der stündliche gesammte Dampfverbrauch in Kilogramm pro effective Pferdestärke nach der Formel (95

$$S_n = \frac{1}{\eta} \cdot S_i = \frac{1}{0{,}766} \cdot 10{,}911 = 14{,}244 \text{ kg} .$$

Wird endlich wieder rund $5^0/_0$ Zuwachs durch
die Condensation des Dampfes in der Dampfrohrleitung vom Dampfkessel zur Dampfmaschine angenommen, so wird

$$S_i = 1{,}05 \cdot 10{,}911 = 11{,}456 \text{ kg}$$
$$S_n = 1{,}05 \cdot 14{,}244 = 14{,}956 \text{ kg} .$$

6. Beispiel. Nachstehend ist der Dampfverbrauch
für die Condensations-Dampfmaschine mit Expansions-
Schiebersteuerung und Dampfmantel mit denselben
Hauptdimensionen wie im vorstehenden 5. Beispiele
berechnet, jedoch für die höchste in der Tabelle XXVI
angegebene mittlere absolute Admissionsdampfspannung

$$p_1 = 6{,}5 \text{ at}$$

und für den zugehörigen beiläufigen ökonomisch
günstigsten Füllungsgrad

$$\frac{s_1}{s} = 0{,}15 .$$

Der Berechnung liegen demnach folgende Größen zu Grunde:

Kolbendurchmesser (Tabelle XXIII) $D = 350\,\text{mm} = 35\,\text{cm} = 0{,}35\,\text{m}$

Kolbenhub (Tabelle XXIII) $s = 700\,\text{mm} = 0{,}7\,\text{m}$

Minutliche Umdrehungszahl (Tabelle XXIII) $n = 72$

Mittlere Kolbengeschwindigkeit . $c = 1{,}68\,\text{m}$ pro Secunde

Coefficient des schädlichen Raumes . . $m = 0{,}04$

Füllungsgrad . . . . $\dfrac{s_1}{s} = 0{,}15$

Kolbenwegverhältnis zu Beginn der Compression

$$\frac{s_2}{s} = 0{,}94$$

Mittlere absolute Admissionsdampfspannung $p_1 = 6{,}5\,\text{at}$

Mittlere absolute Emissionsdampfspannung $p_2 = 0{,}22\,\text{at}$

Mittlere wirksame Dampfspannung (Tabelle XXII) $p_w = 3{,}007\,\text{at}$

Mittlere entgegengesetzte Dampfspannung (Tabelle XXII) . . . . $p_e = 0{,}235\,\text{at}$

Mittlere indicierte Dampfspannung (Tabelle XXII) $p_i = 2{,}772\,\text{at}$

Admissionswinkel (Tabelle XXXVII) . $\omega = 0{,}796$

Indicierte Leistung (Tabelle XXIII) $N_i = 57{,}982\,\text{PS}$

Effective Leistung (Tabelle XXVI) $N_n = 46{,}013\,\text{PS}$

Wirkungsgrad (Tabelle XXVII) . . . $\eta = 0{,}794$

Für die mittlere absolute Admissionsdampfspannung

$$p_1 = 6{,}5\,\text{at}$$

entnimmt man der Tabelle XXXVI die zugehörige Dampftemperatur

$$t_1 = 161{,}079^0\,\mathrm{C}.$$

Ferner erhält man aus derselben Tabelle durch Interpolation für die mittlere wirksame Dampfspannung

$$p_w = 3{,}007\ \mathrm{at}$$

die zugehörige Dampftemperatur

$$t_w = 132{,}876^0\,\mathrm{C},$$

sodann für die mittlere entgegengesetzte Dampfspannung

$$p_e = 0{,}235\ \mathrm{at}$$

die zugehörige Dampftemperatur

$$t_e = 62{,}900^0\,\mathrm{C}.$$

Hiermit ergibt sich die mittlere Dampftemperatur

$$t_m = \tfrac{1}{2}\cdot(t_w + t_e) = \tfrac{1}{2}\cdot(132{,}876 + 62{,}900) = 97{,}888^0\,\mathrm{C},$$

und es wird sonach die Temperatursdifferenz

$$t_1 - t_m = 161{,}079 - 97{,}888 = 63{,}191^0\,\mathrm{C}.$$

Ferner entnimmt man aus der Tabelle XXXVI für die mittlere absolute Admissionsdampfspannung

$$p_1 = 6{,}5\ \mathrm{at}$$

das Dampfgewicht pro Kubikmeter

$$\sigma_1 = 3{,}4103\ \mathrm{kg},$$

und für die mittlere absolute Emissionsdampfspannung

$$p_2 = 0{,}22\ \mathrm{at}$$

durch Interpolation das Dampfgewicht pro Kubikmeter

$$\sigma_2 = 0{,}1405\ \mathrm{kg}.$$

Die Substitution der bezüglichen Werte in die Formel (98 ergibt den stündlichen nutzbaren Dampfverbrauch in Kilogramm pro indicierte Pferdestärke

$$S_i' = \frac{27}{p_i} \cdot \left[\left(\frac{s_1}{s} + m \right) \cdot \sigma_1 - 1,1 \cdot \left(1 - \frac{s_2}{s} + m \right) \cdot \sigma_2 \right] =$$

$$= \frac{27}{2,772} \cdot \left[(0,15 + 0,04) \cdot 3,4103 - 1,1 \cdot (1 - \right.$$

$$\left. - 0,94 + 0,04) \cdot 0,1405 \right] = \frac{27}{2,772} \cdot (0,64796 -$$

$$- 0,01546) = \frac{27 \cdot 0,6325}{2,772} = 6,161 \text{ kg}.$$

Nach der Formel (104 erhält man den Mittelwert für den stündlichen Abkühlungsverlust in Kilogramm pro indicierte Pferdestärke

$$S_i'' = \frac{0,125 \cdot (1 + \sqrt{s}) \cdot \sqrt{p_1^3} \cdot \sqrt[4]{\omega} \cdot (t_1 - t_m)}{p_i \cdot \sqrt{s} \cdot c} \cdot \left[1 + \right.$$

$$\left. + \frac{s}{D} \cdot \left(\frac{s_1}{s} + 4 \cdot m \right) \right] =$$

$$= \frac{0,125 \cdot (1 + \sqrt{0,7}) \cdot \sqrt{6,5^3} \cdot \sqrt[4]{0,796} \cdot 63,191}{2,772 \cdot \sqrt{0,7} \cdot 1,68} \cdot [1 +$$

$$+ 2 \cdot (0,15 + 4 \cdot 0,04)] =$$

$$= \frac{0,125 \cdot 1,8367 \cdot 4,0697 \cdot 7,0926 \cdot 1,62}{2,772 \cdot 1,0844} = 3,571 \text{ kg}.$$

Ferner ergibt die Formel (105 den stündlichen Dampflässigkeitsverlust in Kilogramm pro indicierte Pferdestärke

$$S_i''' = \frac{4,4}{\sqrt{c \cdot N_i}} + \frac{1}{4 \cdot c} + 0,15 = \frac{4,4}{\sqrt{1,68 \cdot 57,982}} +$$

$$+ \frac{1}{4 \cdot 1,68} + 0,15 = 0,446 + 0,149 + 0,15 = 0,745 \text{ kg}.$$

Die einzelnen Theile des Dampfverbrauches sind demnach

$$S_i' = 6{,}161 \text{ kg}$$
$$S_i'' = 3{,}571 \text{ kg}$$
$$S_i''' = 0{,}745 \text{ kg}$$

und es beträgt sohin der stündliche gesammte Dampfverbrauch in Kilogramm pro indicierte Pferdestärke nach der Formel (93

$$S_i = S_i' + S_i'' + S_i''' = 6{,}161 + 3{,}571 + 0{,}745 =$$
$$= 10{,}477 \text{ kg}.$$

Ferner beträgt der stündliche gesammte Dampfverbrauch in Kilogramm pro effective Pferdestärke nach der Formel (95

$$S_n = \frac{1}{\eta} \cdot S_i = \frac{1}{0{,}794} \cdot 10{,}477 = 13{,}195 \text{ kg}.$$

Wird wieder ein Zuwachs von $5\,^0/_0$ durch die Condensation des Dampfes in der Dampfrohrleitung vom Dampfkessel zur Dampfmaschine in die Rechnung gezogen, so ergibt sich

$$S_i = 1{,}05 \cdot 10{,}477 = 11{,}001 \text{ kg}$$
$$S_n = 1{,}05 \cdot 13{,}195 = 13{,}855 \text{ kg}.$$

7. **Beispiel.** Der Dampfverbrauch einer Condensations-Dampfmaschine mit Ventilsteuerung oder Präcisions-Schiebersteuerung und Dampfmantel, mit den nachstehenden, den Tabellen VI, beziehungsweise XXX bis XXXIV entnommenen Dimensionen und sonstigen Verhältnissen ist zu berechnen:

Kolbendurchmesser (Tabelle XXX)
$$D = 600 \text{ mm} = 60 \text{ cm} = 0{,}6 \text{ m}$$
Kolbenhub (Tabelle XXX) . $s = 1200 \text{ mm} = 1{,}2 \text{ m}$
Minutliche Umdrehungszahl (Tabelle XXX) $n = 55$
Mittlere Kolbengeschwindigkeit (Tabelle VI)
$$c = 2{,}2 \text{ m pro Secunde}$$

Coefficient des schädlichen Raumes . . $m = 0{,}03$

Füllungsgrad . . . . $\dfrac{s_1}{s} = 0{,}1$

Kolbenwegverhältnis zu Beginn der Compression
$$\frac{s_2}{s} = 0{,}75$$

Mittlere absolute Admissionsdampfspannung (Tabelle XXX) . . . . $p_1 = 6$ at

Mittlere absolute Emissionsdampfspannung
$p_2 = 0{,}22$ at

Mittlere wirksame Dampfspannung (Tabelle XXIX)
$p_w = 2{,}287$ at

Mittlere |entgegengesetzte Dampfspannung (Tabelle XXIX) . . . . $p_e = 0{,}289$ at

Mittlere indicierte Dampfspannung (Tabelle XXIX)
$p_i = 1{,}998$ at

Admissionswinkel (Tabelle XXXVII) . $\omega = 0{,}643$

Indicierte Leistung (Tabelle XXX) $N_i = 161{,}107$ PS

Effective Leistung (Tabelle XXXIII) $N_n = 129{,}088$ PS

Wirkungsgrad (Tabelle XXXIV) . . $\eta = 0{,}810$

Mittels der Tabelle XXXVI erhält man für die mittlere absolute Admissionsdampfspannung
$$p_1 = 6 \text{ at}$$
die zugehörige Dampftemperatur
$$t_1 = 157{,}944^0\,\mathrm{C},$$
sodann für die mittlere wirksame Dampfspannung
$$p_w = 2{,}287 \text{ at}$$
durch Interpolation die zugehörige Dampftemperatur
$$t_w = 123{,}831^0\,\mathrm{C}.$$

Ferner für die mittlere entgegengesetzte Dampfspannung
$$p_e = 0{,}289 \text{ at}$$

ebenfalls durch Interpolation die zugehörige Dampftemperatur

$$t_e = 67,753^{\circ}\,\mathrm{C}\,.$$

Es wird sonach die mittlere Dampftemperatur

$$t_m = \tfrac{1}{2} \cdot (t_w + t_e) = \tfrac{1}{2} \cdot (123,831 + 67,753) = 95,792^{\circ}\,\mathrm{C},$$

und somit ergibt sich die Temperatursdifferenz

$$t_1 - t_m = 157,944 - 95,792 = 62,152^{\circ}\,\mathrm{C}\,.$$

Man erhält ferner aus der Tabelle XXXVI für
die mittlere absolute Admissionsdampfspannung

$$p_1 = 6\ \mathrm{at}$$

das Dampfgewicht pro Kubikmeter

$$\sigma_1 = 3,1643\ \mathrm{kg},$$

und für die mittlere absolute Emissionsdampfspannung

$$p_2 = 0,22\ \mathrm{at}$$

wie im vorhergehenden Beispiele

$$\sigma_2 = 0,1405\ \mathrm{kg}\,.$$

Durch die Substitution in die Formel (98 erhält
man nun den stündlichen nutzbaren Dampfverbrauch in Kilogramm pro indicierte Pferdestärke

$$S_i' = \frac{27}{p_i} \cdot \left[\left(\frac{s_1}{s} + m\right) \cdot \sigma_1 - 1,1 \cdot \left(1 - \frac{s_2}{s} + m\right) \cdot \sigma_2\right] =$$

$$= \frac{27}{1,998} \cdot [(0,1 + 0,03) \cdot 3,1643 - 1,1 \cdot (1 - 0,75 +$$

$$+ 0,03) \cdot 0,1405] = \frac{27}{1,998} \cdot (0,41136 - 0,04327) =$$

$$= \frac{27 \cdot 0,3681}{1,998} = 4,974\ \mathrm{kg}\,.$$

Nimmt man nun für die Berechnung des stündlichen Abkühlungsverlustes in Kilogramm pro
indicierte Pferdestärke im Hinblick auf den vor-

handenen ziemlich grofsen Kolbenhub die den gröfseren
Wert ergebende Formel (103, so erhält man

$$S_i'' = \frac{0{,}25 \cdot \sqrt[4]{p_1{}^3} \cdot \sqrt{\omega} \cdot (t_1 - t_m)}{p_i \cdot \sqrt{c}} \cdot \left[1 + \frac{s}{D} \cdot \left(\frac{s_1}{s} + 4 \cdot m\right)\right] =$$

$$= \frac{0{,}25 \cdot \sqrt[4]{6^3} \cdot \sqrt{0{,}643 \cdot 62{,}152}}{1{,}998 \cdot \sqrt{2{,}2}} \cdot [1 + 2 \cdot (0{,}1 +$$

$$+ 4 \cdot 0{,}03)] = \frac{0{,}25 \cdot 3{,}8337 \cdot 6{,}3217 \cdot 1{,}44}{1{,}998 \cdot 1{,}4832} = 2{,}944 \,\mathrm{kg}.$$

Der stündliche Dampflässigkeitsverlust in
Kilogramm pro indicierte Pferdestärke beträgt
wieder nach der Formel (105

$$S_i''' = \frac{4{,}4}{\sqrt{c \cdot N_i}} + \frac{1}{4 \cdot c} + 0{,}15 = \frac{4{,}4}{\sqrt{2{,}2 \cdot 161{,}107}} +$$

$$+ \frac{1}{4 \cdot 2{,}2} + 0{,}15 = 0{,}234 + 0{,}114 + 0{,}15 = 0{,}498 \,\mathrm{kg}.$$

Es betragen somit die einzelnen Theile des Dampfverbrauches in Kilogramm pro indicierte Pferdestärke

$$S_i' = 4{,}974 \;\mathrm{kg}$$
$$S_i'' = 2{,}944 \;\mathrm{kg}$$
$$S_i''' = 0{,}498 \;\mathrm{kg},$$

und demnach beträgt der stündliche gesammte
Dampfverbrauch in Kilogramm pro indicierte
Pferdestärke nach der Formel (93

$$S_i = S_i' + S_i'' + S_i''' = 4{,}974 + 2{,}944 + 0{,}498 =$$
$$= 8{,}416 \;\mathrm{kg},$$

und nach der Formel (95 der stündliche gesammte Dampfverbrauch in Kilogramm pro
effective Pferdestärke

$$S_n = \frac{1}{\eta} \cdot S_i = \frac{1}{0{,}810} \cdot 8{,}416 = 10{,}390 \;\mathrm{kg}.$$

Wird endlich wieder rund $5\,{}^0/_0$ Zuwachs durch

die Condensation des Dampfes in der Dampfrohrleitung vom Dampfkessel zur Dampfmaschine in die Rechnung gestellt, so erhält man

$$S_i = 1,05 \cdot 8,416 = 8,837 \text{ kg}$$
$$S_n = 1,05 \cdot 10,390 = 10,910 \text{ kg}.$$

8. Beispiel. Im Gegensatze zu der Berechnung
im vorstehenden Beispiele, in welchem für die mittlere absolute Admissionsdampfspannung der niedrigste
in der Tabelle XXX enthaltene Wert angenommen
wurde, ist die Berechnung nachstehend für den
höchsten in dieser Tabelle enthaltenen Wert derselben,
nämlich für

$$p_1 = 7,5 \text{ at}$$

durchgeführt, und zwar mit den folgenden Grundlagen:

Kolbendurchmesser (Tabelle XXX)

$$D = 600 \text{ mm} = 60 \text{ cm} = 0,6 \text{ m}$$

Kolbenhub (Tabelle XXX) $s = 1200 \text{ mm} = 1,2 \text{ m}$

Minutliche Umdrehungszahl (Tabelle XXX) $\lfloor n = 55$

Mittlere Kolbengeschwindigkeit (Tabelle VI)

$$c = 2,2 \text{ m pro Secunde}$$

Coefficient des schädlichen Raumes $m = 0,03$

Füllungsgrad . . . . $\dfrac{s_1}{s} = 0,1$

Kolbenwegverhältnis zu Beginn der Compression

$$\frac{s_2}{s} = 0,75$$

Mittlere absolute Admissionsdampfspannung

$$p_1 = 7,5 \text{ at}$$

Mittlere absolute Emissionsdampfspannung

$$p_2 = 0,22 \text{ at}$$

Mittlere wirksame Dampfspannung (Tabelle XXIX)

$$p_w = 2,857 \text{ at}$$

Mittlere entgegengesetzte Dampfspannung (Tabelle XXIX) . . . . $p_e = 0,290$ at

Mittlere indicierte Dampfspannung (Tabelle XXIX) $p_i = 2,567$ at

Admissionswinkel (Tabelle XXXVII) . $\omega = 0,643$

Indicierte Leistung (Tabelle XXX) $N_i = 206,987$ PS

Effective Leistung (Tabelle XXXIII) $N_n = 170,138$ PS

Wirkungsgrad (Tabelle XXXIV) . . $\eta = 0,823$.

Für die mittlere absolute Admissionsdampfspannung

$$p_1 = 7,5 \text{ at}$$

erhält man zufolge der Tabelle XXXVI die zugehörige Dampftemperatur $t_1 = 166,815^0$ C .

Ferner mit Hilfe derselben Tabelle, durch Interpolation, für die mittlere wirksame Dampfspannung

$$p_w = 2,857 \text{ at}$$

die zugehörige Dampftemperatur

$$t_w = 131,147^0 \text{ C}$$

und für die mittlere entgegengesetzte Dampfspannung

$$p_e = 0,290 \text{ at}$$

die zugehörige Dampftemperatur

$$t_e = 67,843^0 \text{ C} ,$$

und hiermit ergibt sich die mittlere Temperatur

$$t_m = \tfrac{1}{2} \cdot (t_w + t_e) = \tfrac{1}{2} \cdot (131,147 + 67,843) = 99,495^0 \text{ C},$$

daher die Temperatursdifferenz

$$t_1 - t_m = 166,815 - 99,495 = 67,320^0 \text{ C} .$$

Man entnimmt ferner aus der Tabelle XXXVI ür die mittlere absolute Admissionsdampfspannung

$$p_1 = 7,5 \text{ at}$$

das zugehörige Gewicht eines Kubikmeters Dampf

$$\sigma_1 = 3,9012 \text{ kg}$$

und erhält für die mittlere absolute Emissionsspannung

$$p_2 = 0,22 \text{ at}$$

ebenfalls wie im vorhergehenden Beispiele das zugehörige Gewicht eines Kubikmeters Dampf

$$\sigma_2 = 0,1405 \text{ kg} \,.$$

Es läfst sich nun wieder mittels der Formel (98 der stündliche nutzbare Dampfverbrauch in Kilogramm pro indicierte Pferdestärke berechnen, und zwar erhält man hiernach

$$S_i' = \frac{27}{p_i} \cdot \left[\left(\frac{s_1}{s} + m\right) . \sigma_1 - 1,1 . \left(1 - \frac{s_2}{s} + m\right) . \sigma_2 \right] =$$

$$= \frac{27}{2,567} \cdot \left[(0,1 + 0,03) . 3,9012 - 1,1 . (1 - 0,75 + \right.$$

$$+ \, 0,03) . 0,1405 \right] = \frac{27}{2,567} \cdot (0,50716 - 0,04327) =$$

$$= \frac{27 . 0,4639}{2,567} = 4,879 \text{ kg} \,.$$

Behält man für die Berechnung des stündlichen Abkühlungsverlustes in Kilogramm pro indicierte Pferdestärke, wie im vorhergehenden Beispiele die den gröfseren Wert ergebende Formel (103 bei, so erhält man

$$S_i'' = \frac{0,25 . \sqrt{p_1^3} . \sqrt[4]{\omega . (t_1 - t_m)}}{p_i . \sqrt{c}} \cdot \left[1 + \frac{s}{D} . \left(\frac{s_1}{s} + 4 . m\right) \right] =$$

$$= \frac{0,25 . \sqrt{7,5^3} . \sqrt[4]{0,643 . 67,32}}{2,567 . \sqrt{2,2}} \cdot [1 + 2 . (0,1 +$$

$$+ \, 4 . 0,03)] = \frac{0,25 . 4,532 . 6,5792 . 1,44}{2,567 . 1,4832} = 2,819 \text{ kg} \,.$$

Für den stündlichen Dampflässigkeitsverlust in Kilogramm pro indicierte Pferdestärke ergibt die Formel (105

$$S_i''' = \frac{4,4}{\sqrt{c . N_i}} + \frac{1}{4 . c} + 0,15 = \frac{4,4}{\sqrt{2,2 . 206,987}} +$$

$$+\frac{1}{4 \cdot 2,2}+0,15=0,206+0,114+0,15=0,470\,\mathrm{kg}\,.$$

Die einzelnen Theile des Dampfverbrauches in Kilogramm pro indicierte Pferdestärke betragen demnach

$$S_i' = 4,879\ \mathrm{kg}$$
$$S_i'' = 2,819\ \mathrm{kg}$$
$$S_i''' = 0,470\ \mathrm{kg}\,.$$

Es ergibt sich hiermit der stündliche gesammte Dampfverbrauch in Kilogramm pro indicierte Pferdestärke ohne Berücksichtigung des Leitungscondensates, nämlich ohne Zuschlag für die Condensation in der Dampfrohrleitung vom Dampfkessel zur Dampfmaschine, nach der Formel (93

$$S_i = S_i' + S_i'' + S_i''' = 4,879 + 2,819 + 0,470 = 8,168\,\mathrm{kg}.$$

Ferner ergibt sich nach der Formel (95 der stündliche gesammte Dampfverbrauch in Kilogramm pro effective Pferdestärke, ebenfalls ohne Berücksichtigung des Leitungscondensates

$$S_n = \frac{1}{\eta}\cdot S_i = \frac{1}{0,823}\cdot 8,168 = 9,925\ \mathrm{kg}.$$

Rechnet man hierzu 5% Leitungscondensat, nämlich 5% Zuwachs durch die Condensation des Dampfes in der Dampfrohrleitung vom Dampfkessel zur Dampfmaschine, so erhält man schliefslich

$$S_i = 1,05 \cdot 8,168 = 8,576\ \mathrm{kg}$$
$$S_n = 1,05 \cdot 9,925 = 10,421\ \mathrm{kg}\,.$$

In der Tabelle XXXVIII sind die Resultate der in den vorstehenden Beispielen durchgeführten Berechnungen des Dampfverbrauches für die unmittelbare Anwendung in der Praxis bei Schätzungen übersichtlich zusammengestellt.

Tabelle XXXVIII.

Resultate der Berechnungen des Dampfverbrauches.

Art der Maschine	Kolbendurchmesser mm	Kolbenhub mm	Minutliche Umdrehungszahl	Mittlere absolute Admissionsdampfspannung in Atmosphären	Füllungsgrad	Stündlicher Dampfverbrauch in Kilogramm						
						ohne Leitungscondensat					mit 5% Leitungscondensat	
						pro indicierte Pferdestärke				pro effective Pferdestärke	pro indicierte Pferdestärke	pro effective Pferdestärke
						nutzbarer	Abkühlungsverlust	Dampflässigkeitsverlust	gesammter	gesammter	gesammter	gesammter
						S_i'	S_i''	S_i'''	S_i	S_n	S_i	S_n
Auspuffmaschine, Volldruckmaschine mit einfacher Schiebersteuerung, ohne Dampfmantel	120	240	140	3,5 6	0,9 0,9	21,723 17,400	8,040 8,220	2,562 1,877	32,325 27,497	43,801 34,500	33,941 28,872	45,991 36,225
Auspuffmaschine mit Expansions-Schiebersteuerung, ohne Dampfmantel	250	500	90	5 6,5	0,3 0,25	11,285 9,697	5,805 5,875	1,133 1,037	18,223 16,609	23,185 20,683	19,134 17,439	24,344 21,717
Condensationsmaschine mit Expansions-Schiebersteuerung, mit Dampfmantel	350	700	72	5 6,5	0,15 0,15	6,370 6,161	3,728 3,571	0,813 0,745	10,911 10,477	14,244 13,195	11,456 11,001	14,956 13,855
Condensationsmaschine mit Ventilsteuerung oder Präcisions-Schiebersteuerung, mit Dampfmantel	600	1200	55	6 7,5	0,1 0,1	4,974 4,879	2,944 2,819	0,498 0,470	8,416 8,168	10,390 9,925	8,837 8,576	10,910 10,421